Wolfgang Danzer

W0095020

Qualitätsmanagement in der Produkt- und Prozessentwicklung

Kundenorientiert entwickeln und zielsicher planen

HANSER

Bibliografische Information der Deutschen Nationalbibliothek
Die Deutsche Nationalbibliothek verzeichnet diese Publikation in der Deutschen Nationalbibliografie; detaillierte bibliografische Daten sind im Internet über http://dnb.d-nb.de abrufbar.

© 2016 Carl Hanser Verlag München
www.hanser-fachbuch.de/pp

Lektorat: Lisa Hoffmann-Bäuml
Seitenlayout und Herstellung: Arthur Lenner, Der Buch*macher*, München
Umschlaggestaltung und -realisation: Stephan Rönigk
Druck und Bindung: Kösel, Krugzell
Printed in Germany

ISBN 978-3-446-45003-5
E-Book-ISBN 978-3-446-45004-2

Inhalt

1 Einleitung

Die Anwendung eines systematischen Qualitätsmanagements im Produktentstehungsprozess ermöglicht:

- Entscheidungen zu treffen, wie auf Basis von Rahmenbedingungen gehandelt werden soll,
- Vorhersehbarkeit und Vertrauen zu schaffen, dass die Attraktivität, die Fehlerfreiheit und die Zuverlässigkeit für den Kunden gewährleistet werden können,
- Vorhersehbarkeit und Vertrauen zu schaffen, dass die Erreichung gesetzter Ziele, die Minimierung des Ressourcenbedarfes und ein nachhaltiger Erfolg gewährleistet werden können,

Qualitätsmanagement im Produktentstehungsprozess ist somit jener Regelkreis des unternehmerischen Handelns, um kundenorientiert perfekte Produkte zu entwickeln, mit denen ein nachhaltiger Erfolg am Markt erreichbar ist.

WORUM GEHT ES?

Vereinfacht ist Qualität etwas, was jemand für Qualität hält. Deshalb ist Qualität auf den ausgerichtet, der sie beurteilt – und das ist zuallererst der Kunde. Das bedeutet auch, dass Qualität für jeden etwas anderes sein kann und sich dieses Empfinden im Laufe der Zeit verändern kann.

Nun ist eine offene Definition nicht gerade hilfreich, wenn man bei der Entwicklung eines Produktes Qualität erreichen will. Wie kann der Begriff Qualität auf Produktqualität heruntergebrochen werden?

Ein Produkt hat Qualität, wenn es so attraktiv erscheint, dass es bei einer Kaufentscheidung gegenüber Alternativprodukten bevorzugt wird. Folgende Anforderungen beeinflussen die Attraktivität eines Produktes:

- Forderungen, die ausgesprochen oder vereinbart sind,
- berechtigte Erwartungen, die ein Kunde nicht artikuliert hat, aber zur Unzufriedenheit führen, wenn sie nicht erfüllt werden,
- nicht Erwartetes, das den Kunden überzeugt oder begeistert.

Besonders in Märkten, in denen ein Überfluss an angebotenen Produkten herrscht, kann ein Hersteller bei der Entwicklung eines Produktes, durch Ausrichtung an dem, was potenzielle Kunden für Qualität halten, seinen Absatz vorhersehbar positiv beeinflussen.

 HINWEIS

Ein Produkt hat Qualität, wenn das Produkt hat, was der Kunde will.

WAS BRINGT ES?

Management ist der Regelkreis des unternehmerischen Handelns, um Anforderungen zu erfüllen. Man könnte auch vereinfacht sagen, Management ist jegliches Tun, um Gewolltes vorhersehbar zu erreichen.

Oftmals ist unser Handeln erfolgreich, ohne dass wir systematisch etwas gemanagt haben. Um jedoch vorhersehbar etwas zu erreichen, ist es notwendig, sich explizit mit folgenden Themen auseinanderzusetzen:

- was und warum man etwas erreichen will,
- wer für die Zielerreichung verantwortlich ist,
- Klarheit über die Ausgangssituation,
- welche Ziele erreicht werden sollen,

- wie man diese Ziele erreichen kann,
- womit man die Ziele erreichen kann,
- wer was tun wird,
- welche Risiken bestehen und was dagegen gemacht werden soll,
- welche Abweichungen zum Planungsstand bestehen und was dagegen gemacht werden soll,
- wie gewährleistet wird, dass Gewolltes erreicht wird,
- wie die benötigten Fähigkeiten gewährleistet und verbessert werden können.

Die Beschäftigung mit diesen Themen geht über das „machen wir es einfach mal" hinaus, bedeutet also erst einmal Zusatzaufwand. Wer den Zusatzaufwand investiert, wird im Laufe der Durchführung mit weniger Problemen und klar abschätzbarer Zielerreichung belohnt.

BEISPIEL

Geregelte Heizung

Früher wurden Öfen in der Früh eingeheizt. Davor war es kalt, danach war es erst einmal heiß, bis sich die Wärme wieder über den Tag verflüchtigte. Das Nachlegen und Wieder-ausgehen-Lassen war das damalige „Heizungsmanagement".

Heute gelten höhere Anforderungen: Im Bad soll es wärmer sein, im Schlafzimmer etwas kühler – das sind beispielhafte Anforderungen, die für jeden anders aussehen können.

Deshalb muss jeder für sich klären, welche konkrete Temperatur in Grad Celsius dies für jedes Zimmer bedeutet – das sind dann messbare Ziele.

Thermostate am Heizkörper messen die Raumtemperatur in den Räumen. Sobald es zu kalt ist, gibt der jeweilige Heizkörper Wärme ab, ist es wärmer als vorgegeben, schaltet er ab – das ist das Prüfen auf Abweichungen und Korrigieren, bis die voreingestellte Zimmertemperatur erreicht ist.

Ein Temperaturfühler im Freien misst darüber hinaus die Außentemperatur und steuert so den Bedarf an Wärmeerzeugung, um den Ressourceneinsatz zu minimieren.

Warm wurde es früher auch. Durch die Regelungstechnik moderner Heizungen können wir jedoch selbst entscheiden, welche konkrete Temperatur es an einem bestimmten Ort haben soll, und wir können uns vorhersehbar darauf verlassen, dass diese Temperatur im Raum auch erreicht wird.

WIE GEHE ICH VOR?

Wie viel systematisches Management notwendig ist, hängt im Wesentlichen davon ab, was man erreichen will und welche Personen involviert sind.

Eine einfache Beschreibung der Tätigkeiten unternehmerischen Handelns kann durch den PDCA-Zyklus (Plan, Do, Check, Act) erfolgen:

- Plan: Plane eine Verbesserung.
- Do: Probiere sie aus.
- Check: Überprüfe, ob sie funktioniert.
- Act: Bringe sie zum Einsatz und standardisiere sie.

Der PDCA-Zyklus wurde von Walter A. Shewhart als Vorgehensweise zur Verbesserung entwickelt [Deming 2000] und ist auch unter dem Namen Deming-Kreis bekannt. Empfohlen wird diese Vorgehensweise unter anderem im Referenzhandbuch zur Produkt-Qualitätsvorausplanung [QS 9000:1999], im VDA Band 4 Teil 3 [VDA 1998] zur Sicherung der Qualität vor Serieneinsatz und in der ISO 9001 [ISO 9001:2015].

Die ISO 9001 [ISO 9001:2015] und weitere Regelwerke mit Anforderungen an Managementsysteme erweitern den Fokus des Verbesserungszyklus hinsichtlich der Absicherung von Prozessen und deren Ressourcen.

Um Management als Regelkreis des unternehmerischen Handelns definieren zu können, werden die Tätigkeiten im Qualitätsmanagement-Regelkreis vom operativen Tun getrennt definiert. In Anlehnung an die Beschreibung des Begriffs Qualitätsmanagement aus der ISO 9000 [ISO 9000:2005] sollen diese über das Realisieren hinausgehenden Tätigkeiten im Management-Regelkreis als Planen – Lenken – Absichern – Verbessern zusammengefasst werden.

Damit können die Tätigkeiten des Managens explizit dargestellt werden, welche zur Vorhersehbarkeit der Erreichung von Gewolltem beitragen. Zur Abgrenzung, was genau gemanagt werden soll, wird in der in Bild 1.1 dargestellten Management-Roadmap noch der Schritt der Definition dem Qualitätsmanagement-Regelkreis vorangestellt. Diese Management-Roadmap enthält somit einen Überblick über die Schritte des Managements sowie den Zweck, die wesentlichen Aufgaben, verwendbare Methoden und Ergebnisse jedes dieser Schritte. In jedem dieser Managementschritte sind ein wesentlicher Bestandteil die Führung der agierenden Personen und die Berücksichtigung menschlicher Faktoren.

Schritt	Zweck	Aufgabe
Definieren	- Begründung und Abgrenzung eines Auftrages	- Analyse der Anforderungen - Analyse der Rahmenbedingungen - Analyse der Fähigkeiten - Festlegung der Ausrichtung - Abgrenzung des Auftrages
Planen	- Vereinbarung der Ziele und Vorgehensweisen - Team ist arbeitsfähig	- Übersetzung der Anforderungen in messbare Ziele - Festlegung geeigneter Abläufe - Vereinbarung der Verantwortlichkeiten - Bereitstellung geeigneter Ressourcen
Lenken	- Klarheit über Fortschritt - Regelung zur vorhersehbaren Zielerreichung	- Überprüfung des Fortschrittes - Analyse von Abweichungen - Festlegung und Überprüfung von Korrekturmaßnahmen
Absichern	- Bestätigung der Zielerreichung und Gebrauchstauglichkeit - Übergabe der Ergebnisse	- Objektive Nachweisführung und formale Bestätigung der Zielerreichung - Verifizierung und Freigabe - Validierung und Abnahme
Verbessern	- Geeignetere Ziele - Wirksamere und effizientere Abläufe - Fähigere Ressourcen	- Kontinuierliche Verbesserung - Innovation

Bild 1.1 Management-Roadmap

Methoden		Ergebnis

nforderungsanalyse
mfeldanalyse
achbarkeitsanalyse
WOT-Analyse
irtschaftlichkeits-
rognose
	• *Auftragsdefinition*	- Warum: Zweck definiert
		- Was: Auftrag definiert
		- Wer:
		  Ergebnisverantwortlicher
		  festgelegt

rfahrungstransfer bjektstrukturplan rojektstrukturplan erminplan ersonalplan ostenplan essourcenplan	• *Risikomanagement* • *Organigramm* • *Rollenbeschreibungen* • *Verantwortlichkeitsmatrix* • *Kommunikationsstruktur* • *Dokumentationsstruktur* • *Ressourcenfreigabe*	- Ausgangssituation klar - Was: Ziele vereinbart - Wie: Abläufe vereinbart - Wann: Termin vereinbart - Wer: Rollen vereinbart - Womit: Ressourcen bereit - Risiken identifiziert und Maßnahmen festgelegt
ühren onitoring eporting	• *Problemmanagement* • *Änderungsmanagement* • *Claimmanagement* • *Eskalationsmanagement* • *Krisenmanagement*	- Status des Fortschritts - Korrkekturmaßnahmen zur Zielerreichung - Ziele erreicht
erifizierung der elerreichung reigabe alidierung der ebrauchstauglichkeit bnahme	• *Übergabe* • *Lessons Learned*	- Zielerreichung bestätigt - Gebrauchstauglichkeit nachgewiesen - Ergebnisse übergeben - Lessons Learned reflektiert
/issensmanagement VP ix Sigma novation	• *Organisations- entwicklung*	- Ziele optimiert - Abläufe optimiert - Ressourcen optimiert

Definieren

Um etwas zu erreichen, muss man vorher wissen, was man erreichen möchte. Die Definition dient als Begründung und Abgrenzung eines Auftrages. Dazu gehört:

- grundsätzliche Idee oder Ausrichtung, was erreicht werden soll,
- Kenntnis über betroffene und interessierte Personenkreise und Rahmenbedingungen,
- Kenntnis über relevante Anforderungen,
- Kenntnis der eigenen Fähigkeiten,
- Abgrenzung des Auftrages.

Damit ist es möglich, eine Person zu beauftragen, welche die Aufgabe, Verantwortung, aber auch Befugnis hat, diesen Auftrag zu managen.

Planen

Sobald eine Person für einen Auftrag verantwortlich ist, kann diese mit der Vereinbarung der Ziele und der Vorgehensweisen beginnen, um mit einem arbeitsfähigen Team den Weg zur Zielerreichung zu beschreiten. Dazu gehört:

- die aktuelle Situation detailliert einzuschätzen,
- aus dem Kontext, dem Zweck und den gestellten Anforderungen Ziele abzuleiten,
- Wege zu finden und abzustimmen, die zum Ziel führen,
- Rollen und deren Beziehungen zueinander festzulegen,
- sämtliche Mittel bereitzustellen, die auf dem Weg zur Zielerreichung notwendig sind,
- Chancen und Risiken abzuschätzen und geeignete Vorbeugemaßnahmen zu ergreifen.

Ziele benötigen bei der Planung eine inhaltliche, zeitliche und kostenmäßige Betrachtung entsprechend dem SMART-Ansatz:

- **S**pezifisch: konkret, eindeutig und präzise.
- **M**essbar: quantitativ bewertbar.
- **A**nspruchsvoll: eine gewisse Herausforderung.
- **R**ealistisch: nicht unmöglich.
- **T**erminiert: klar festgelegter Zieltermin.

Wege werden durch Prozesse beschrieben, bei denen über den Input (inklusive Bereitsteller des Inputs) und den Output (inklusive Empfänger des Outputs) die Wirkzusammenhänge der **Abläufe** beschrieben werden.

Durch die Ergebnisorientierung kann eine durchgängige Verantwortungsmatrix dargestellt werden. Diese Matrix erlaubt eine Zuordnung von **Verantwortungen** zu einzelnen Tätigkeiten entsprechend dem DEMI-Ansatz:

- Durchführungsverantwortlicher: Ergebnisverantwortung, Managementverantwortung, Berichtspflicht → genau eine Person.
- Entscheidungsverantwortlicher: Abnahme aus Kundensicht, sofern notwendig → maximal eine Person oder Gremium mit Beschlussregeln.
- Mitarbeitsverantwortliche: klar definierte Mitarbeit → so viele Personen wie nötig.
- Zu Informierende: alle, die Kenntnis über den aktuellen Status und die Ergebnisse benötigen.

Rollen beschreiben temporäre Aufgaben und werden im Organigramm als soziales Beziehungsgeflecht zusammengefasst. Um die Frage des Könnens, Wollens und Dürfens abklären zu können, sind für eine Rolle in sich schlüssig Aufgabe, Verantwortung und Befugnis festzulegen:

- *Aufgabe:* Verpflichtung, eine vereinbarte Handlung durchzuführen.
- *Verantwortung:* Verpflichtung, der Handlung entsprechende Ergebnisse zu erzielen und für dieses Ergebnis einzustehen.
- *Befugnis:* Rechte zur Durchführung einer Handlung und zum Treffen dahin gehend notwendiger Entscheidungen.

Mittel betreffen sämtliche notwendige Ressourcen wie Infrastruktur, Energie, Einrichtungen, Werkzeuge, Personen, Wissen, Informationen und Daten.

Chancen und Risiken: Unsicherheiten beeinflussen sowohl in positiver als auch in negativer Weise die Zielerreichung. Ein bewusster Umgang mit diesen Unsicherheiten ist wesentlich für die Vorhersehbarkeit der Zielerreichung. Dazu ist es notwendig, dass geeignete Vorbeugemaßnahmen festgelegt und umgesetzt werden, um Risiken zu optimieren und Chancen nutzbar zu machen (siehe Kapitel 2.3).

Lenken

Um Ziele vorhersehbar zu erreichen, ist es notwendig, regelmäßig den Status zu überprüfen, ob der geplante Fortschritt zum jeweiligen Zeitpunkt erreicht werden konnte. Dies schafft Klarheit über den Fortschritt, auf Basis dessen die Regelung zur vorhersehbaren Zielerreichung aufgesetzt wird.

Die **Bewertung des Fortschritts** kann entsprechend der Ampelbewertung RYG mit den Farben Rot, Gelb und Grün erfolgen. Für die Kennzeichnung dieses Fortschrittsstatus wurden die englischen Begriffe gewählt, da im Deutschen die Anfangsbuchstaben von Gelb und Grün gleich sind und damit bei einer abgekürzten Darstellung auf Schwarz-Weiß-Ausdrucken keine Eindeutigkeit gegeben wäre:

- **R**ed: Geplanter Fortschritt/Ziel nicht erreicht.

  Keine Korrekturmaßnahmen zur Zielerreichung entschieden.
- **Y**ellow: Geplanter Fortschritt/Ziel nicht erreicht.

  Korrekturmaßnahmen zur Zielerreichung entschieden.
- **G**reen: Geplanter Fortschritt/Ziel erreicht.

Zusätzlich zu dieser Statusbewertung können folgende ergänzende Statusdefinitionen Anwendung finden:

- **–:** Not Rated – Status noch nicht bewertet.
- **N. A.:** Not Applicable – keine Statusbewertung anwendbar, bzw. nicht relevant.
- **U.:** Unachievable – Ziel derzeit unerreichbar.

  Kein Ansatz für Maßnahmen zur Zielerreichung verfügbar. Ein als unerreichbar bewertetes Thema stellt damit einen sogenannten „Job-Stopper" für den Auftrag dar, der durch Eskalation oder sogar Krisenmanagement entweder entschärft werden kann oder im schlimmsten Fall tatsächlich zum Abbruch führt. Je nach Status sind somit je Thema geeignete **Korrekturmaßnahmen** einzuleiten, bis die festgelegten Ziele erreicht sind.

Absichern

Sobald die gesetzten Ziele erreicht wurden, kann die objektive Nachweisführung erfolgen, um die Zielerreichung und die Gebrauchstauglichkeit zu bestätigen. Dies ist die Basis für die Übergabe der Ergebnisse an den jeweiligen Kunden. Wurden die Ziele erreicht, dient die **Freigabe** als Bestätigung der Zielerreichung.

Die Überprüfung, ob jeweils aktuelle Ergebnisse den vorher geplanten Zielen entsprechen, und damit die Überprüfung auf Spezifikationskonformität, nennt man Verifizierung.

Sind die Ziele ausreichend messbar definiert worden, erfolgt die Überprüfung und Bewertung im besten Fall nicht nur digital als „Ziel erreicht"/„Ziel nicht erreicht", sondern auch durch das Ausmaß der Abweichung vom definierten Soll-Wert.

Durch Kenntnis des Ausmaßes der Abweichung werden die Ursachenanalyse und die Festlegung von Korrekturmaßnahmen erleichtert. Voraussetzung für eine **Abnahme** ist, dass die Gebrauchstauglichkeit nachgewiesen wurde und damit die Überprüfung, ob sämtliche relevante Anforderungen erfüllt wurden, positiv ausgefallen ist. Die Überprüfung auf Gebrauchstauglichkeit, und damit die Erstellung einer Prognose, wie die Kunden (und andere interessierte Parteien) mit dem Produkt zufrieden sein werden, wird als Validierung bezeichnet.

Die Validierung ist damit eine Überprüfung aus Kundensicht, ob die festgelegten Forderungen oder berechtigten Erwartungen durch das Produkt erfüllt werden, unabhängig davon, ob die gesetzten Ziele erreicht wurden oder nicht. Da Anforderungen häufig nicht direkt messbar sind und damit Gebrauchstauglichkeitsbeurteilungen verstärkt subjektiven Einflüssen unterliegen, ist auch eine Ursachenanalyse und Festlegung von Korrekturmaßnahmen oftmals komplex. Konnte bei einer Validierung die Gebrauchstauglichkeit nicht bestätigt werden, obwohl alle Ziele erreicht wurden, so müssen die vereinbarten Ziele angepasst und neu vereinbart werden. Solche oft schwerwiegenden Änderungen bedürfen eines konsequenten Änderungsmanagements und sind meist mit gravierenden Auswirkungen auf geplante Termine und Kosten verbunden.

Verbessern

Um langfristig als Unternehmen überleben und sich an das Umfeld anpassen und entwickeln zu können, ist es notwendig, ständig die Fähigkeit, Anforderungen zu erfüllen, aufrechtzuerhalten und zu erhöhen. Verbesserung dient dabei der Erhöhung der Fähigkeiten, die notwendig sind, um Anforderungen zu erfüllen. Die Ziele der Verbesserung sind die Identifizierung und Verwendung von

- geeigneteren Zielen,
- wirksameren und effizienteren Abläufen und
- fähigeren Ressourcen.

Verbesserungen können dabei stetig oder sprunghaft eingebracht werden. Stetiges Einbringen von Verbesserungen in kleinen Schritten wird als ständige Verbesserung (KVP) bezeichnet. Entsprechend Kaizen wird dabei das Gute durch noch Besseres ersetzt [H.H. Danzer 1995].

Eine systematische Vorgehensweise zur Verbesserung von Prozessen unter Einsatz bewährter Methoden und Werkzeuge wird im Six-Sigma-Ansatz beschrieben.

Innovationen haben im Gegensatz zur Verbesserung des Guten hin zum Besseren einen Neuigkeitsgrad, der in einer erfolgreichen Weise eine sprunghafte und gegebenenfalls radikale Veränderung mit sich bringt. Dabei können kreative Lösungswege neue Erkenntnisse bringen, die man jedoch erst dann als innovativ bezeichnen kann, wenn sie den unternehmerischen Erfolg am Markt erreicht haben.

HINWEIS

Zum Aufbau des Buches

Kapitel 2 beschreibt einen Qualitätsmanagementansatz anhand eines Regelkreises, der die Erfüllung der Kundenanforderungen in den Mittelpunkt stellt. Dieser Ansatz des Qualitätsmanagements wird auf den in Kapitel 3 beschriebenen Produktentstehungsprozess angewandt, um die geplanten Ziele vorhersehbar zu erreichen und in weiterer Folge die spezifischen Anforderungen zu erfüllen.

Kapitel 4 bis 7 geben eine Übersicht über die wesentlichen Teilschritte und Methoden des Qualitätsmanagements im Produktentstehungsprozess. Die Gliederung dieser vier Kapitel erfolgt dabei anhand der Prozesse des Produktentstehungsprozesses, und die Unterkapitel orientieren sich am Qualitätsmanagement-Regelkreis.

2 Aktivitäten am Kunden ausrichten

WORUM GEHT ES UND WAS BRINGT ES?

Qualitätsmanagement ist der Regelkreis des unternehmerischen Handelns, um Kundenanforderungen unter Berücksichtigung der anderen relevanten Anforderungen zu erfüllen. Die Schritte des Qualitätsmanagements werden in Bild 2.1 gemeinsam mit den Schritten des allgemeinen Managements und den Schritten des Wissensmanagements als Regelkreis zum operativen Tun dargestellt.

Bild 2.1 Qualitätsmanagement-Regelkreis

WIE GEHE ICH VOR?

2.1 Anforderungen

2.1.1 Kundenorientierte Perfektion erreichen

Wenn ein Kunde die Wahl zwischen unterschiedlichen verfügbaren Produkten hat, wird er sich für jenes Produkt entscheiden, welches ihn mehr begeistert. Begeistern können z. B. eine begehrenswerte Form, bessere Funktionalitäten, die Verarbeitung des Produktes, ein günstigerer Preis oder bisherige Erfahrungen mit dem Produkt. Entscheidend ist die Überzeugung oder das Vertrauen, ein für sich perfektes Produkt zu erhalten, mit dem man zufrieden sein kann.

Um nun mit einem neuen Produkt am Markt vorhersehbar erfolgreich sein zu können, ist es daher notwendig, nicht nur aktuell bestehende Kundenanforderungen zu kennen und zu berücksichtigen, sondern auch mit unternehmerischem Gespür zukünftige Bedarfe und Begehrlichkeiten einzubeziehen.

Bei der Entstehung eines neuen Produktes kann die angestrebte, durch das Produkt direkt beeinflussbare, kundenorientierte Perfektion auf drei Anforderungen heruntergebrochen werden:

- **Attraktivität**

In der Entwicklung werden die Merkmale eines Produktes festgelegt. Damit werden das Aussehen und die Nutzbarkeit eines Produktes durch spezifische Eigenschaften und Funktionen definiert.

Die Qualität der Merkmalsfestlegung und damit die Eignung des Produktes, für Kunden attraktiv zu sein, ist Grundvoraussetzung dafür, dass sich Kunden für ein Produkt begeistern können und somit dieses bei einer Kaufentscheidung bevorzugen.

Wie die oft komplexen Zusammenhänge und Zielsetzungen an das Produkt berücksichtigt werden und welche Produktmerkmale die geeigneten sind, ist die große Herausforderung während der Entwicklung.

- **Fehlerfreiheit**

Sind die Produktmerkmale einmal festgelegt, so müssen diese entsprechend der Festlegung von der Produktion spezifikationskonform umgesetzt werden. Dies entspricht der Qualität der Herstellung und damit der Fehlerfreiheit in Bezug auf die Merkmalsfestlegung. Doch auch hier werden in der Entwicklung die Voraussetzungen dafür geschaffen, ob dies einfach möglich ist oder fast zu einem Ding der Unmöglichkeit wird.

- **Zuverlässigkeit**

Ist ein Produkt beim Endkunden in Benutzung, so entspricht die Zuverlässigkeit der Erfüllung von Anforderungen über die Zeitdauer der Nutzung. Die Zuverlässigkeit hängt dabei sowohl von der Qualität der Entwicklung als auch von der Konformität bei der Herstellung ab. Sollte doch einmal eine Reparatur notwendig sein, so wird die Wahrnehmung der Zuverlässigkeit auch von der Servicefreundlichkeit abhängen.

2.1.2 Unternehmerischen Erfolg sicherstellen

Um als Unternehmen langfristig erfolgreich zu sein, reicht es nicht, einfach alle Kundenwünsche zu erfüllen und damit vermeintlich kundenorientierte Perfektion zu erreichen. Erfolgreiche Unternehmen müssen ständig ihre Konkurrenzfähigkeit, Innovationskraft und Belastbarkeit in ihrem Umfeld beweisen, um wirtschaftlich überleben zu können.

Die Anforderungen zur Lebens- und Entwicklungsfähigkeit aus Unternehmenssicht können anhand folgender Kenngrößen des Managements beschrieben werden:

▪ Legitimität

Legitimität ist gegeben, wenn ein Unternehmen langfristig überlebt und durch sein Wirken aus ökonomischer, ökologischer und sozialer Sicht nachhaltig erfolgreich ist [Gareis 2013]. Bei erfolgreichen Unternehmen ergibt dieses Wirken einen so großen Nutzen, dass die Anerkennung und Honorierung vom Umfeld das Überleben des Unternehmens sichert. Die Herausforderung dabei stellt die kontinuierliche Ausrichtung und Anpassung an das Umfeld auf Basis der eigenen Fähigkeiten dar. Davon abgeleitet gilt es für jedes Produkt, das entwickelt wird, nicht nur die Kundenanforderungen, sondern sämtliche Anforderungen interessierter Parteien zu berücksichtigen und den eigenen Fähigkeiten und Innovationspotenzialen gegenüberzustellen. Die richtigen Entscheidungen zu einem Produkt aufgrund dieser normativen und strategischen Überlegungen sind somit der Schlüssel zum Erfolg.

▪ Wirksamkeit

Anforderungen, als Überbegriff für vereinbarte Forderungen und berechtigte Erwartungen, sind in den meisten Fällen vage formuliert (z.B. „besser als die Konkurrenz", „sattes Türzuschlaggeräusch" etc.), und die Interpretation ist im hohen Maße personen- und zeitabhängig. Erst die Übersetzung der Anforderungen in konkrete Ziele macht die Überprüfung der Wirksamkeit und damit die vorhersehbare Zielerreichung möglich.

▪ Wirtschaftlichkeit

Um Ziele zu erreichen, werden des Öfteren große Kraftanstrengungen unter Einsatz sämtlicher verfügbarer Ressourcen unternommen. Damit geht ökonomisch und ökologisch viel verloren. Effizienz, und damit Wirtschaftlichkeit, ist somit eine Anforderung, den zur Zielerreichung benötigten Ressourceneinsatz zu minimieren, und ein klarer Auftrag zur Vermeidung von Verschwendung.

2.2 Ziele – Design for Success

Anforderungen können klar vereinbart, vage formuliert oder sogar nur erwartet sein. Werden diese Anforderungen jedoch nicht erfüllt, so führt das mit hoher Wahrscheinlichkeit zu Unzufriedenheit. In den meisten Fällen reicht jedoch die Formulierung der Anforderungen nicht aus, um eine Erfüllung objektiv zu beurteilen. Im Schritt „Ziele" werden deshalb die Anforderungen in messbare Ziele übersetzt. Bei der Produktentstehung können dabei die in Bild 2.2 definierten Zielkategorien berücksichtigt werden.

Design for	Ziel	Design for	Ziel
Desirable Aesthetics	- Ästhetisch	Benefit	- Gebrauchs-tauglich
Perceived Quality	- Wertanmutend	Legal Compliance	- Gesetzes-konform
Safety	- Gefahrlos - Fehlhandlungssicher - Schadenvermeidend - Schadenminimierend	Environment	- Ökologisch nachhaltig
Ethics	- Sozial nachhaltig	Cost	- Ökonomisch nachhaltig
Manu-facturing	- Herstellungsoptimiert	Assembly	- Montage-optimiert
Logistics	- Transportoptimiert	Serviceability	- Service-optimiert

Bild 2.2 Design-for-Success-Ziele

Design for Desirable Aesthetics

Die Form eines Produktes beeinflusst direkt den so wichtigen ersten Eindruck (aber nicht nur diesen), der wiederum direkte Auswirkungen auf eine Kaufentscheidung hat. Gefällt das Produkt und fasziniert es, ist ein wesentlicher Schritt zum Unbedingt-haben-Wollen erfüllt. Die Designer und Entwickler haben in diesem Fall erfolgreiche Arbeit geleistet. Begehrenswertes Styling ist ein wichtiges Ziel bei der Gestaltung eines Produktes.

Design for Benefit

Etwas unbedingt haben wollen bedeutet jedoch nicht zwingend, dass ein Produkt auch wirklich benötigt wird. Über die Gebrauchstauglichkeit für den Endanwender entscheiden großteils die kundenwahrnehmbaren Funktionen, die den Nutzen bei Verwendung darstellen. Diese Funktionen bilden eine gute Basis zur Unterscheidung gegenüber dem Wettbewerb.

Bei der Entwicklung eines Produktes ist ein wesentlicher Erfolgsfaktor die Übersetzung dieser von den Marktanforderungen und Innovationspotenzialen abgeleiteten kundenwahrnehmbaren Funktionen in technische Funktionen und Ziele. Diese können in weiterer Folge auch gezielt bei der Vermarktung genutzt werden. Große Trends zur Funktionsoptimierung sind z. B. Leichtbau, Digitalisierung, Personalisierung oder Mehrfachfunktionen.

Design for Perceived Quality

Bei genauerer Betrachtung kann ein Produkt billig wirken oder aber ein Gefühl von Sicherheit, Vergnügen, Komfort, Zuverlässigkeit oder Zufriedenheit vermitteln. Die wahrgenommene Qualität oder Wertanmutung spielt eine große Rolle bei dem subjektiven Gefühl, eine gute Investition zu tätigen oder einen guten Deal eingegangen zu sein. Die technische Umsetzung des Designs und damit das optische Erscheinungsbild im Detail spielt dabei eine große Rolle.

Visuelle (sehen), auditive (hören), haptische (fühlen), aber auch olfaktorische (riechen) Eindrücke gilt es daher bei der Entwicklung zu beschreiben, bewertbar zu machen und umzusetzen, um die Wertanmutung eines Produktes marktorientiert optimieren zu können. Die systematische Berücksichtigung gustatorischer Wahrnehmung (schmecken) hingegen bleibt dahin gehend spezifischen Produkten (z. B. Lebensmitteln) vorbehalten.

Design for Legal Compliance

Sind mit einem Produkt sämtliche Begehrlichkeiten eines Endkunden hinsichtlich Form, Funktion und Wertanmutung erfüllt, so bedeutet dies dennoch nicht, dass dieses Produkt in Verkehr gebracht werden darf. Die Einhaltung sämtlicher nationaler und internationaler Gesetze und Auflagen ist Voraussetzung für Gesetzeskonformität (Legal Compliance) und damit Basis für eine Betriebszulassung. Diese Anforderungen sind für jeden angestrebten Markt zu erfüllen. Ein weiterer gesetzlich relevanter Aspekt ist die Patentsituation.

Design for Safety

Wird ein Produkt gekauft, denkt kaum ein Endkunde daran, dass das gekaufte Produkt eine Gefahr darstellen könnte. Unser Selbstverständnis, aber auch Gesetze wie das Produkthaftungsgesetz setzen voraus, dass ein gekauftes Produkt keine unvertretbare Gefährdung von Personen bei bestimmungsgemäßem Gebrauch oder absehbarem Fehlgebrauch verursacht. Dabei kann unterschieden werden, dass das Produkt

- selbst keine Gefahr darstellt (chemisch, physikalisch, elektrisch, biologisch, radiologisch, physiologisch und psychologisch),
- fehlhandlungssicher ist, d. h., dass absehbarer Fehlgebrauch nicht möglich ist oder entsprechend Bedienungsanleitung ausgeschlossen wird,
- einen Schadensfall funktional verhindert (z. B. Fahrerassistenzsysteme) → Primary Safety,
- im Schadensfall funktional den Schaden minimiert (z. B. Airbag) → Secondary Safety.

Was unvertretbar und was Stand von Wissenschaft und Technik entsprechend dem Produkthaftungsgesetz ist, ist vom gesellschaftlichen Wandel abhängig, verändert sich also im Laufe der Zeit. Die Grenzziehung hat jedoch Einfluss auf den notwendigen Aufwand bei der Produktauslegung.

Die Erfüllung von Produktsicherheit stellt eine immer größer werdende Herausforderung bei der Produktentwicklung dar, speziell durch den immer größer werdenden Anteil an Software und elektrischen/elektronischen Komponenten. Die mögliche Komplexität durch die Wirkzusammenhänge von immer mehr Funktionen kann oft nur systematisch, unter Einhaltung von durchgängigen Methoden, gelöst werden. In der Automobilindustrie hat sich dazu die internationale Norm ISO 26262 „Road vehicles – Functional safety" etabliert [ISO 26262:2011].

Design for Environment

Den heutigen Bedarf zu befriedigen, ohne zukünftigen Generationen die Möglichkeit zu rauben, ihren Bedarf zu decken, wird laut ISO 14001 als essenziell angesehen [ISO 14001:2015]. Umweltanforderungen werden dabei auch immer stärker gesetzlich vorgegeben und als Wettbewerbsvorteil, mit konkreten Zielen an die Produktentwicklung, berücksichtigt. Mögliche Themenbereiche betreffen dabei die Recyclingfähigkeit, die Einhaltung von Stoffverboten, Vermeidung von unerwünschten oder verbotenen Verdunstungsemissionen oder Gerüchen bis hin zu gesamthaften Betrachtungen anhand einer Ökobilanz.

Design for Ethics

Selbst wenn alle Gesetze eingehalten werden, so kann es sein, dass moralische Werte während der Produktentstehung missachtet werden. Das moralisch richtige Handeln stellt einen immer bedeutenderen Faktor des unternehmerischen Handelns dar. Die konkreten Maßstäbe zur Setzung ethischer Ziele sind jedoch durch die Globalisierung und durch den Wandel der Zeit verstärkt auf dem Prüfstand.

Design to Cost

Werden sämtliche Anforderungen zur Produktentwicklung berücksichtigt und nachhaltig umgesetzt, ergeben sich in der Regel größte Probleme bei der Erreichung geplanter Kostenziele. Das möglichst frühe Herunterbrechen von Kostenzielen auf zulässige Kosten während der Entwicklung für einzelne Komponenten und Herstellungsschritte eröffnet das notwendige Spannungsfeld, um im Team Lösungsansätze zu erarbeiten, welche ein produktspezifisches Zielerreichungsoptimum darstellen.

Neben der bewussten Priorisierung von Anforderungen und der Einbringung von ertragreichen Innovationspotenzialen ist die Vermeidung von Verschwendung eine nicht zu unterschätzende Größe auf dem Weg, zulässige Kosten zu erreichen oder zu unterschreiten.

Prävention sowie die Wiederverwendung von Erfahrungen von vorangegangenen Projekten sind weitere kostenvermeidende Ansätze. In diesen Fällen werden Kosten nicht reduziert, sondern mögliche Mehrkosten durch auftretende Probleme und die daraus resultierenden Änderungskosten verhindert.

Ein Kostenblock für Problemlösungen wird in den seltensten Fällen berücksichtigt, da von einem Null-Fehler-Durchlauf bei der Entwicklung ausgegangen wird. Doch wenn Fehler auftreten, dann wirkt sich die Fehlerbehebung häufig nachhaltig negativ auf die Wirtschaftlichkeit eines Produktes aus.

Trotzdem wird selten versucht, systematisch Fehler von vornherein zu vermeiden. Denn wenn eine Prävention erfolgreich war, so wirkt sich dies nicht positiv auf die Zahlen aus. Treten trotz Prävention Probleme auf, wurde erfolglos in Prävention investiert, und zusätzlich fallen Kosten zur Problemlösung an.

Kostenrechnungen berücksichtigen zumeist keinen Posten zur Fehlerbehebung. Doch dieser Aspekt verfälscht die Aussage. Eine mögliche Kenngröße für die Wirksamkeit von Prävention wäre das Verhältnis zwischen „erkannten Risiken, deren Eintritt nicht verhindert werden konnte", und „erkannten Risiken". Die Erhebung hängt dabei von der Genauigkeit der jeweiligen Dokumentationen ab.

Design for Manufacturing

Bei der Herstellung von Teilen steht die Vermeidung von Streuung und Verschwendung im Vordergrund, um möglichst einfach und effizient spezifikationskonforme, d. h. fehlerfreie Produkte zu fertigen. Dies gelingt unter anderem durch:

- Verwendung von Standardprodukten,
- Verwendung von Gleichteilen, um Herstellungsabläufe mehrfach zu nutzen,

- Vereinfachung und Vereinheitlichung von Konstruktionsdetails, wie die Verwendung von Standardschrauben, welche die Anzahl unterschiedlicher Schrauber reduzieren,
- Auswahl von Werkstoffen mit guten Bearbeitungseigenschaften, um Fertigungszeiten und Instandhaltungsbedarf zu minimieren,
- robuste Konstruktionen, die streuungsunempfindlich sind und damit große Toleranzen zulassen.

Design for Assembly

Auch bei der Montage von Teilen steht die Vermeidung von Streuung und Verschwendung im Vordergrund, und das in einer möglichst einfachen und fehlhandlungssicheren Form. Dabei gilt es, Folgendes zu berücksichtigen:

- Verwendung möglichst weniger und einfacher Teile,
- Vermeidung von Verwechslung von Teilen,
- Ausschluss von Falschmontage,
- Verwendung einfacher Fügetechniken, z. B. Klipse statt Schrauben,
- Reduzierung und Vereinfachung der Montagebewegungen.

Generell sind für eine produktionsgerechte Entwicklung (Design for Manufacturing, Logistics & Assembly) folgende Aspekte zur Vermeidung von Verschwendung von Bedeutung:

- Überproduktion (Produktion ohne Bedarf),
- zu viele Lagerbestände (gebundenes Kapital),
- zu viel Materialbewegung (Gefahr von Beschädigung und falscher Verteilung),
- Wartezeit,
- Verschwendung in Arbeitsprozessen,
- unnötige Bewegung,

- Fehler und Korrekturen.

Dies entspricht den sieben Arten der Verschwendung (Muda) [Kamiske 2015].

Design for Logistics

Die Bereitstellung von Zulieferteilen und die Auslieferung von Produkten streben nach einem, dem Bedarf entsprechenden, Optimum an Verfügbarkeit bei gleichzeitiger Minimierung des dafür notwendigen Aufwandes. Bei der logistikgerechten Entwicklung können folgende Aspekte berücksichtigt werden:

- Optimierung des Packmaßes, um die Anzahl der gleichzeitig transportierbaren Produkte zu erhöhen. Dies kann Auswirkungen auf die Unterteilung des Produktes in Einzelteile haben,
- Ausrichtung an standardisierten Verpackungen,
- Optimierung der Ein- und Auspackbarkeit,
- Rückverfolgbarkeit hinsichtlich Eindeutigkeit zum Produkt und dem Einsatz des Produktes anhand geeigneter Kennzeichnung.

Design for Serviceability

Für den Fall, dass ein Service notwendig ist oder dieser vermieden werden kann, sind folgende Aspekte bei der Entwicklung zu berücksichtigen:

- Austauschbarkeit der Komponenten,
- Minimierung des Aufwandes für den notwendigen Ausbau benachbarter Komponenten,
- Wartungsfreiheit über die Produktlebensdauer,
- Verwendung von Standardwerkzeugen zur Montage und Reparatur,

- mehrfache Montier- und Demontierbarkeit von Haltern,
- klare technische Dokumentation zum Produkt und Arbeitsanweisungen zur Reparatur,
- Zusammenstellung relevanter Teile zu einer Ersatzteileinheit.

2.3 Vorbeugung (Chancen- und Risikomanagement)

Sämtliche Entwicklungsprojekte sind mit internen und externen Einflüssen konfrontiert, welche die Erfüllung von Anforderungen und die Erreichung von Zielen unsicher machen. Die negativen Auswirkungen dieser Unsicherheiten sind Risiken, welche durch Risikomanagement erkannt, analysiert, bewertet und dementsprechend durch Vorbeugung optimiert werden können. Positive Auswirkungen dieser Unsicherheiten sind Chancen, deren Erkennung und Nutzung die Wahrscheinlichkeit erhöhen, erfolgreich zu sein.

Chancen- und Risiken sind so lange zu optimieren, bis gewährleistet ist, dass die gewünschte oder akzeptierte Auswirkung der Unsicherheit erreicht ist. Dabei wird es auch Schwierigkeiten bei der Entscheidung geben. Echt entscheiden heißt, bei Unentscheidbarkeit Stellung zu beziehen [Schneider 2001]. Die Ziele von Chancen- und Risikomanagement sind:

- Erhöhung der Wahrscheinlichkeit, dass Ziele erreicht werden,
- Bereitstellung einer nachvollziehbaren Entscheidungsgrundlage,
- wirksamer und effizienter Methoden- und Ressourceneinsatz zur Risikooptimierung,

Schritt	Zweck	Aufgabe
Kontext analysieren	- Analyse der Ziele - Analyse des relevanten Umfeldes - Analyse der relevanten Strukturen	- Betrachtungsumfang der Risikoanalyse festlegen - Umfeldanalyse durchführen - Risikorelevante Ziele identifizieren - Risikomethodik festlegen
Risiken identifizieren	- Erkennen möglicher Chancen und Risiken	- Relevante Information verwenden - Chancen und Risiken aus Erfahrungen ableiten sowie auf Basis von State of the Art und mithilfe von Kreativitätstechniken finden - Chancen und Risiken begreifen und beschreiben
Risiken bewerten	- Aufbereitung der erkannten Risiken - Bewertung der Auftrittswahrscheinlichkeit und der Auswirkung - Bewertung des Risikolevels	- Gleichartige Chancen und Risiken zusammenfassen - Auftrittswahrscheinlichkeit und Bedeutung der Auswirkung entsprechend Risikokriterien bewerten - Risikolevel ableiten
Vorbeugemaßnahmen entscheiden	- Entscheidung über vertiefende Risikoanalyse - Entscheidung über Risikooptimierung - Festlegung der Priorisierung	- Bedarf einer weiterführenden Risikoanalyse entscheiden - Vorbeugemaßnahmen zur Risikooptimierung festlegen und entscheiden - Abarbeitungsreihenfolge strategisch festlegen
Risiken optimieren	- Verhinderung oder Verringerung unerwünschter Auswirkungen - Förderung und Nutzung positiver Auswirkungen	- Entschiedene Vorbeugemaßnahmen umsetzen - Umsetzung der Vorbeugemaßnahmen lenken - Änderungen in Kontext, Zielsetzung, Risikoerkennung und Risikoeinschätzung berücksichtigen

Bild 2.3 Roadmap Chancen- und Risikomanagement

Methoden	Ergebnis
· Zielanalyse · Strukturanalyse · Erfahrungstransfer · Methodeneinsatzplan · Risikoschwerpunktsetzung	- Umfang, Ziel und Methodik des Risk Management festgelegt und beauftragt
· Erfahrungstransfer · State-of-the-Art-Analyse · Simultaneous Engineering · Storytelling · Brainstorming · Brainwriting	- Erkannte Chancen und Risiken inklusive Ursachen und Auswirkungen verständlich beschrieben
· Clustering · Risikobewertung	- Erkannte Chancen und Risiken zusammengefasst - Auftrittswahrscheinlichkeit und Auswirkung bewertet - Risikolevel festgelegt
· Simultaneous Engineering · Entscheidungsfindung	- Weiterführende Risikoanalysen beziehungsweise Vorbeugemaßnahmen zur Risikooptimierung entschieden und entsprechend Priorität in Umsetzung
· Monitoring · Lenken · Review	- Unsicherheiten minimiert - Vorhersehbarkeit maximiert - Risiken minimiert - Chancen maximiert

- Verhinderung oder Verringerung unerwünschter Auswirkungen,
- Förderung und Nutzung positiver Auswirkungen,
- Einhaltung von Gesetzes- und Regelwerksanforderungen,
- Erhöhung des Vertrauens der interessierten Parteien,
- Minimierung von Schaden und Verlusten,
- Maximierung der Nutzung von Chancen.

Die Schritte des Chancen- und Risikomanagements, inklusive Zweck, wesentlicher Aufgaben, relevanter Methoden und Ergebnisse der jeweiligen Schritte, sind in Bild 2.3 zusammengefasst.

2.4 Prüfung

Prüfen ist die Untersuchung eines Ist-Zustandes und ein darauffolgender Vergleich mit einem definierten Soll-Zustand. Das Ergebnis der Prüfung ist eine Statusbeschreibung hinsichtlich Erreichung des Soll-Zustandes oder der Abweichung, die als Basis für Entscheidungen und zur Auslösung von Korrekturmaßnahmen dient [vgl. H.H. Danzer 1995].

Grundsätzlich kann zwischen Fortschrittsprüfungen, Eignungsprüfungen und Ergebnisprüfungen unterschieden werden. Fortschrittsprüfungen überprüfen den Erledigungsgrad von geplanten Tätigkeiten, während Ergebnisprüfungen das Endergebnis im Vergleich zu gesetzten Zielen überprüfen. Eignungsprüfungen überprüfen die Fähigkeit, Anforderungen zu erfüllen (z.B. Fähigkeiten von Prozessen).

Fortschritt

Die Überprüfung des Fortschritts ergibt einen Erledigungsstatus geplanter Tätigkeiten. Damit wird überprüft, ob definierte Personen die zugewiesenen Aufgaben innerhalb der vereinbarten Zeit erfüllt haben.

BEISPIEL

100 % aller FMEAs durchgeführt

In einem Projekt sind sämtliche geplanten FMEAs termingerecht erstellt worden. Damit wird im Fortschrittsbericht ausgewiesen, dass 100 % aller FMEAs entsprechend Plan durchgeführt wurden.

Diese positive Beurteilung des Fortschritts lässt jedoch keine Aussage darüber zu, ob und in welchem Ausmaß Risiken identifiziert und wie viele Vorbeugemaßnahmen abgeleitet und umgesetzt wurden. Deshalb müssen auch die Ergebnisse dieser FMEAs, in diesem Fall die jeweiligen Risikolevels, sowie die definierten Vorbeugemaßnahmen und der jeweilige Abarbeitungsstatus beurteilt und berichtet werden.

Fähigkeiten von Prozessen

Qualität kann nicht in ein Ergebnis „hineingeprüft" werden, sondern es lässt sich nur im Nachhinein feststellen, ob sie vorhanden ist [H.H. Danzer 1995]. Für eine wirkungsvolle Prozessregelung während der Produktentstehung sind daher der Prozess, die Prozessparameter, die Wirkungen, Regeleingriffe und Störeinflüsse sowie Prüf- und Messmittel zu überprüfen, um regelnde Maßnahmen ableiten zu können. Die dazugehörigen großen Gebiete der Prüfungen können zusammengefasst werden in:

- Qualitätsprüfung entsprechend Produktionslenkungsplan (Control Plan),
- Statistical Process Control (SPC),
- Prozessfähigkeitsuntersuchungen,
- Messmittelfähigkeitsuntersuchungen,
- Prüfmittelüberwachung.

Zielerreichung

Konnte mit einem Ist-Ergebnis die Soll-Vorgabe erreicht werden, so kann aufgrund dieser Überprüfung auf Spezifikationskonformität eine Freigabe erteilt werden. Konnte mit einem Ergebnis die Soll-Vorgabe nicht erreicht werden, so hilft eine möglichst aussagekräftige Darstellung der Abweichungen, geeignete Korrekturmaßnahmen einzuleiten.

Erfüllung von Anforderungen

Wenn aus den Anforderungen durchgängig Ziele abgeleitet wurden, so kann mit hoher Wahrscheinlichkeit von einer Erfüllung der Anforderungen ausgegangen werden, sofern sämtliche Ziele erreicht werden konnten. Anforderungen haben jedoch immer auch einen subjektiven Anteil, vor allem die berechtigten, aber nicht vereinbarten Erwartungen. Deshalb ist eine Überprüfung der Gebrauchstauglichkeit aus Kundensicht über die Zielerreichung hinaus notwendig. Konnte eine solche kundennahe Erprobung erfolgreich absolviert werden, so kann eine Abnahme erfolgen.

BEISPIEL

Ziel erreicht – Anforderung nicht erfüllt

In einem Fahrzeugprojekt wurde für einen Bolzen in der Mechanik des aktiven Spoilers ein Korrosionsziel für den Salzsprühnebeltest festgelegt. Im Test wurde die Zielerreichung nachgewiesen, bei den ersten Erprobungsträgern wurde jedoch bereits nach einem Winter Korrosion sichtbar. Dies stand im Widerspruch zur Forderung, zumindest zehn Jahre Schutz gegen Korrosion zu gewährleisten.

Die Lösung für den Markt konnte nur mit einem deutlich anspruchsvolleren Korrosionsziel und einer Änderung am Bauteil realisiert werden. Dies führte zu einem Mehraufwand im Projekt und zu nicht geplanten höheren Bauteilkosten, die den Kostendruck im Projekt erhöhten.

2.5 Korrektur (Problemlösung)

Entspricht ein Ergebnis nicht den Vorgaben, so handelt es sich um eine Abweichung. Hat diese Abweichung negative Auswirkungen, so liegt ein Problem vor. Damit beschreibt ein Problem einen bereits eingetretenen Ist-Zustand mit vorhandenen negativen Auswirkungen. Um trotzdem gesetzte Ziele zu erreichen, sind geeignete Korrekturmaßnahmen festzulegen und umzusetzen.

Die Ziele der Korrekturmaßnahmen zur Problemlösung sind:

- Folgeschäden vermieden,
- Problem nachhaltig und effizient gelöst,
- Wiederholfehler vermieden,
- Verwendbarkeit bei zukünftigen Risikoabschätzungen gegeben.

Schritt	Zweck	Aufgabe
Problem beschreiben	- Klare Beschreibung des Problems, sodass es verstanden und durch den Verantwortlichen gelöst werden kann	- Verständliche Beschreibung der Abweichung zwischen Soll- und Ist-Zustand - Beurteilung der Auswirkung der Abweichung - Festlegen des Lösungsverantwortlichen
Schutzmaßnahmen treffen	- Festlegung von Schutzmaßnahmen, um Folgeschäden zu vermeiden, bis die Korrekturmaßnahme wirksam ist	- Festlegung und Umsetzung temporärer Schutzmaßnahmen, sofern notwendig
Ursachen analysieren?	- Klarheit über die Zusammenhänge, die zum Problem geführt haben	- Ursachen analysieren
Korrekturmaßnahmen festlegen	- Ermittlung und Bewertung möglicher Korrekturmaßnahmen - Festlegung der Korrekturmaßnahmen die umgesetzt werden	- Ermittlung und Bewertung möglicher Korrekturmaßnahmen - Auswahl und Entscheidung geeigneter Korrekturmaßnahmen - Planung und Beauftragung der entschiedenen Korrekturmaßnahm inklusive Wirksamkeitsprüfung
Wirksamkeit der Korrekturmaßnahmen prüfen	- Nachweisführung, dass Problem nachhaltig gelöst ist	- Überprüfung und Nachweis der Wirksamkeit entsprechend den geplanten und beauftragten Prüfungen
Vorbeugemaßnahmen verankern	- Lösung in Vorgabedokumenten verankert - Lösung als Lesson Learned verfügbar	- Aktualisierung von Vorgabe- dokumenten, sofern betroffen - Ergänzung der Problemlösung auf Verständlichkeit, sofern notwer - Dokumentation, wann und mit welchen Methoden das Problem vermeidbar war, sofern möglich

Bild 2.4 Problemmanagement-Roadmap

Methoden		Ergebnis

schreibung von
etroffenem Objekt
roblemsymptom (Abweichung)
roblemort (Lage am Objekt)
uswirkung
eitlichem Beginn/Auftretenshäufigkeit
rüfungsart zur Problemfeststellung
	· Fehlersammelkarte
	· Histogramm
	· Pareto-Diagramm
		- Problem ist klar abgegrenzt
		  und verständlich
		  beschrieben
		- Auswirkung des Problems
		  ist beurteilt
		- Lösungsverantwortlicher ist
		  festgelegt

nterimistischer Arbeitsplan	· Interimistischer
	  Prüfplan/Control Plan
		- Folgeschäden durch
		  Problem vermieden

shikawa-Diagramm
5 W
Punktebewertung
	· Korrelationsdiagramm
	· Statistische
	  Versuchsplanung
		- Ursache oder auslösendes
		  Zusammenwirken von
		  Ursachen nachgewiesen
		  und dokumentiert

Simultaneous Engineering	· Entscheidungsmatrix	- Geeignete Korrektur-
		  maßnahmen (Lösungen)
		  sind festgelegt und werden
		  umgesetzt

Prüfart der Problem-
Feststellung
	· Prozessfähigkeits-
	  untersuchung
		- Nachhaltige Wirksamkeit
		  der Korrekturmaßnahme
		  nachgewiesen und
		  dokumentiert

Lessons Learned
Best Practice
	· Update Vorbeuge-
	  dokumente
	· Update Vorgabe-
	  dokumente
		- Von der Lösung betroffene
		  Vorgabedokumente sind
		  aktualisiert
		- Erfahrung für weitere
		  Planungen und
		  Risikoabschätzungen sind
		  verfügbar

Ist die Ursache für das Problem bekannt und das Problem schnell gelöst, so kann bei Einhaltung der Zielsetzungen für Korrekturmaßnahmen eine einfache und unbürokratische Vorgehensweise gewählt werden. Ist jedoch die Problemlösung herausfordernder und die Ursache nicht so offensichtlich, so dient eine systematische Vorgehensweise dazu, Probleme nachhaltig und effizient zu lösen.

Über die Jahre haben sich für systematische Problemlösungen die zwei Vorgehensweisen 8D und 7Step etabliert, die als Ausgangsbasis für den hier beschriebenen systematischen Problemlösungsablauf verwendet wurden. Die Schritte sowie der Zweck, die Aufgaben, die verwendbaren Methoden und das Ergebnis jedes einzelnen Schrittes wurden in der Problemmanagement-Roadmap zusammengefasst (Bild 2.4).

In der **Entscheidungsmatrix** werden sämtliche identifizierte Lösungsvarianten anhand der Design-for-Success-Ziele bewertet, um eine objektivierte Entscheidungsgrundlage für eine Korrekturvariante zu erhalten. Auch für den systematischen Problemlösungsablauf ist ein konsequentes, visuelles Monitoring des Abarbeitungsgrades als Entscheidungsgrundlage und Motivator essenziell, um wirksame Korrekturen zu gewährleisten.

Der Verlauf der Anzahl der Probleme je Bearbeitungsschritt (Bearbeitungsstatus) ergibt eine gute Übersicht über das zu bewältigende Arbeitsvolumen an Korrekturen. Eine Plankurve für die geplante Anzahl der Probleme bis inklusive Schritt „Korrekturmaßnahmen festlegen" sowie eine weitere Plankurve für die geplante Anzahl der Probleme, die noch offen sind, dient als Referenzgröße zur Beurteilung des Abarbeitungsgrades (Bild 2.5).

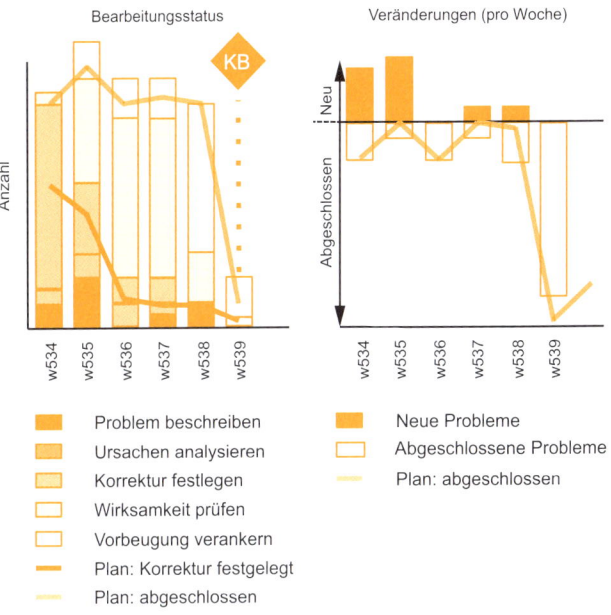

Bild 2.5 Abarbeitungsgrad Problemmanagement

Der Verlauf der Anzahl der Neuzugänge an identifizierten Problemen sowie der abgeschlossenen Probleme (Veränderungen) zeigt auf, ob das Einsteuern und Abarbeiten generell funktioniert. Der Vergleich der tatsächlich abgeschlossenen Probleme mit der Plankurve für die Anzahl der geplanten Problemabschlüsse ist ein Indikator dafür, ob die Abarbeitungsgeschwindigkeit ausreicht bzw. ob im Verhältnis zu bestehenden Ressourcen eine realistische Planung durchgeführt wurde.

Erscheint auf der Plankurve eine Bugwelle für die nahe Zukunft, so ist davon auszugehen, dass Zieltermine geschoben wurden, um im Reporting nicht aufzuscheinen und dadurch angezählt zu werden.

2.6 Freigabe

Sind nach einer Prüfung und gegebenenfalls der Umsetzung notwendiger Korrekturmaßnahmen alle Ziele entsprechend den Soll-Vorgaben erfüllt, so erfolgt die Freigabe. Diese Freigabe ist eine Erlaubnis, zur nächsten Stufe eines Prozesses überzugehen [vgl. ISO 9000:2005] oder das Ergebnis für den bestimmten Gebrauch zu verwenden.

Werden nicht alle Anforderungen erfüllt oder alle Ziele erreicht, so kann eine Abweicherlaubnis erteilt werden, sofern das Ergebnis gebrauchstauglich verwendet werden kann. Werden Anforderungen nicht erfüllt oder Ziele nicht erreicht, so ist prinzipiell eine Freigabe abzulehnen und weitere Korrekturmaßnahmen sind einzufordern.

2.7 Lernen (Wissensmanagement)

Das Ziel des Lernens (des Wissensmanagements) ist es, jene Fähigkeiten zu erlangen und zu verbessern, um gestellte Anforderungen zu erfüllen. Nach einer konfuzianischen Weisheit gibt es drei Wege zu lernen [in Schneider 2006]:

- Durch Nachdenken – das ist der edelste.
- Durch Nachahmen – das ist der leichteste.
- Durch Erfahrung – das ist der bitterste.

Der Weg durch eigene Erfahrung ist allerdings auch der nachhaltigste.

Die Verantwortung für organisationales Lernen kann nicht in einem Produktentstehungsprojekt verankert werden, da Projekte per Definition ein Ende haben, und damit Erlerntes mit dem Ende des Projektes verloren gehen würde. Deshalb sind die folgenden Schritte des Qualitätsmanagement-Regelkreises über die Managementschritte Verbessern und Planen verteilt und projektübergreifend zu verstehen. Ausnahmen dazu bilden dabei die Schritte „Wissen einbringen", „Wissen anwenden" und „Erfahrungen reflektieren".

Bild 2.6 zeigt die Wissensmanagement-Roadmap. Die wesentlichen Methoden sind dabei Lessons Learned, der Umgang mit Metadaten, Best Practice, die Relevanzanalyse, die Suche unter Berücksichtigung von Informationssicherheit sowie die Methode des Storytellings.

Im Schritt „Erfahrungen reflektieren" bieten sich **Lessons Learned** an. Ziel ist es, über Erlebtes gemeinsam nachzudenken, sodass jeder persönlich seine Lehren ziehen kann und die „gelernten Lektionen" dokumentiert werden. Nach einem inhaltlichen Rückblick über das bisherige Projekt bewähren sich folgende Fragestellungen:

- Was ist gut gelaufen und soll beibehalten werden?
- Was ist nicht gut gelaufen und soll optimiert werden?
- Was waren Schlüsselfaktoren für den Projekterfolg, die zukünftig berücksichtigt werden sollen?

Bei der Identifikation der Lessons Learned, am besten mithilfe von Kreativitätstechniken, ist auf eine sachliche Diskussion ohne Schuldzuweisungen zu achten. Eine sinngemäße Zusammenfassung erfasster Lessons Learned zu Überbegriffen hilft in späterer Folge bei der Weiterbearbeitung.

Schritt	Zweck	Aufgabe
Erfahrungen reflektieren	- Teilnehmer lernen persönlich durch Nachdenken über Erlebtes - Lessons Learned dokumentiert	- Positive, negative und Schlüsselerfahrungen identifizieren - Erfahrungen sinngemäß zusammenfassen - Ursache, Auswirkung und Idealsituation beschreiben
Wissen aufbereiten	- Bewertung der Relevanz und Gewährleistung der Verständlichkeit und Auffindbarkeit der Erfahrung	- Wiederauftrittswahrscheinlichkeit und Bedeutung der Erfahrung bewerten - Kontextunabhängig verständlich ergänzen - Strukturiert beschlagworten - Best Practice standardisieren
Vergessen	- Bereinigung von nicht relevantem, unbrauchbarem oder veraltetem dokumentiertem explizitem Wissen	- Zurückreihung und ggf. Entfernung von nicht relevanten, unbrauchbaren oder veralteten Lessons Learned und Best Practices in den dokumentierten Wissensquellen
Innovieren	- Erkennen und Erarbeiten von neuen Wettbewerbsvorteilen durch Vordenken	- Ideen erfassen und selektieren - Innovationsprojekt beauftragen und umsetzen
Wissen verfügbar machen	- Zugang zu Lessons Learned und Best Practices verfügbar - Wissensträger verfügbar	- Zugang für berechtigte Personen zu bestehenden Lessons Learned Best Practices und Innovationen schaffen - Schulungen abhalten
Wissen einbringen	- Kontextbezogene Überleitung von relevantem Wissen in die Situation von handelnden Personen	- Für die Situation relevantes Wissen recherchieren
Wissen anwenden und neue Erfahrungen machen	- Erfolgreich sein durch Mitdenken	- Mitdenken

Bild 2.6 Wissensmanagement-Roadmap

Methoden		Ergebnis
Kreativitätstechniken	• Lessons Learned	- Teilnehmer haben persönlich gelernt - Lessons Learned identifiziert und dokumentiert
Metadaten Relevanzanalyse	• Best Practice • Vorbeugemaßnahmen • Verbesserungs- maßnahmen	- Lessons Learned ergänzt, kategorisiert und bewertet - Best Practice dokumentiert - Maßnahmen eingeleitet
Relevanzanalyse	• Erfahrung und Mut, Ballast abzuwerfen und Neues zuzulassen	- „Wissenskeller" aufgeräumt
Innovationsmanagement	• SWOT-Analyse • Kreativitätstechniken • Projektmanagement	- Neue erfolgreiche Erkenntnisse und Konzepte stehen zur Verfügung
Einfache, strukturierte oder vernetzte Suche Data Mining (Big Data)	• Informationssicherheit	- Zugang zu explizitem Wissen steht strukturiert, vernetzt oder suchend zur Verfügung - Expertensuche verfügbar
Storytelling Erfahrungtransfer	• Vorgaben • Checklisten	- Die Fähigkeit handelnder Personen, Anforderungen zu erfüllen, ist erhöht
Neugier Offenheit	• Toleranz	- Die Fähigkeit handelnder Personen wird genutzt, um Anforderungen zu erfüllen - Handelnde Personen haben neue Erfahrungen gemacht

Eine Fülle von Lessons Learned wird schnell wertlos, wenn sie nur dokumentiert sind und damit in einer „Datensenke" verschwinden. Erst durch Aufbereitung gewinnen viele Lessons Learned Anwendungsrelevanz. Dazu gehört eine Klassifizierung mit **Metadaten** wie z. B.:

- Prozesszuordnung
- fachliche Themenzuordnung,
- Relevanz (siehe Bild 2.7).

Diese Zuordnungen helfen, statistische Häufungen und Verläufe auszuwerten sowie Verantwortliche für Vorbeuge- und Verbesserungsmaßnahmen in der Linienorganisation festzulegen.

Das, was gut gelaufen ist, und Schlüsselfaktoren des Projekterfolges können als **Best Practice** in sogenannten Best-Practice-Katalogen mit folgenden Inhalten dokumentiert werden:

- Beschreibung des erfolgreichen Vorgehens bzw. des Schlüsselfaktors,
- Beschreibung der positiven Auswirkung,
- Handlungsempfehlung zur Verwendung.

Eine **Erhebung der Relevanz** (Relevanzanalyse) der gewonnenen Erfahrungen lässt sich aufgrund folgender Kriterien ermitteln:

- Häufigkeit der Erfahrung (z. B. Wiederholfehler) oder Abschätzung der Wahrscheinlichkeit des Auftretens,
- Bedeutung für das Unternehmen (Auswirkung),
- Aktualität der Erfahrung,
- Häufigkeit der Anwendung der Erfahrung (Verwendung).

Relevanzkriterium		1	2	3	4	5
Zustand	Auftreten — Häufigkeit	selten	teilweise	regelmäßig	oft	sehr oft
	Auftreten — Wahrscheinlichkeit	selten	unwahrscheinlich	möglich	wahrscheinlich	nahezu sicher
	Auswirkung (Bedeutung)	gering	mäßig	wesentlich	schwerwiegend	geschäftsgefährdend
Information	Aktualität (Erstellungsdatum)	historisch	nicht zeitgemäß	zeitgemäß	aktuell	gegenwärtig
	Verwendung (Häufigkeit)	selten	teilweise	regelmäßig	oft	sehr oft

Bild 2.7 Relevanzkriterien für Lessons Learned

Die Relevanzanalyse ist kontinuierlich durchzuführen, am besten automatisiert nach Aktualität, Häufigkeit und Verwendung, um wissenshungrigen Projektmitarbeitern eine überschaubare Anzahl an relevanten Lessons Learned anbieten zu können.

Ein bewusstes Entfernen von Lessons Learned vermeidet dabei Datenfriedhöfe. Dies hat zwei Gründe [Schneider 2006]:

- Können stützt sich nicht allein auf Wissen, sondern auch auf Halbwissen und Nichtwissen.

- Anhäufung von Informationen stellt kein Wissen dar.

Bewusstes Vergessen benötigt jedoch die Fähigkeit, zu wissen, was man nicht zu wissen braucht. Belohnt wird man durch Raum für Intuition und Schutz vor einem Overflow oberflächlicher, nicht relevanter Informationen.

Die Art und Weise, **wie relevante Informationen gesucht** werden, hängt vom gesuchten Inhalt, von der Person sowie vom Vorwissen ab. Drei prinzipiell unterschiedliche Zugangsarten lassen sich identifizieren:

- einfache Suche (Suchmaschine),

- strukturierte Suche (Baumstruktur vom Groben zum Detail),

- vernetzte Suche (Surfen wie im Internet über Links).

Allen drei Zugangsarten ist gemeinsam, dass sie mehr oder weniger eines manuellen Aufwands bedürfen. Das Erkennen von relevanten Mustern in Big Data durch Data Mining stellt hier eine automatisierbare Unterstützung dar, welche jedoch im Vorfeld geeignete Expertise benötigt, um wirkungsvolle Algorithmen zu erstellen.

Informationssicherheit: Aufgrund von Informationsschutzanforderungen ist die Bereitstellung von Wissen oft auf jeweils befugte Personen eingeschränkt. Ein Lösungsansatz dazu ist die Bereitstellung der Kontaktdaten von Wissensträgern für den persönlichen Wissenstransfer anstelle der Bereitstellung der direkten dokumentierten Information.

Storytelling: Die direkteste Art der Wissensweitergabe ist die persönliche Erzählung eigener Erfahrungen, die im Kontext zu den aktuellen Anforderungen eines Projektes stehen.

3 Von der Idee bis zum Erfolg am Markt

Der Produktentstehungsprozess beschreibt den von einer Produktidee ausgehenden Entwicklungsverlauf bis zur Bestellbarkeit eines abgesicherten Produktes aus einer abgesicherten Produktion mit einer dahinter liegenden abgesicherten Zulieferkette. Das Ziel des Produktentstehungsprozesses ist die Übergabe in die Serienproduktion mit dem Auftrag „Gehe hin und sei nachhaltig erfolgreich mit diesem kundenorientiert perfekten Produkt".

Für die Beschreibung des Produktentstehungsprozesses können die in den vorangegangenen Kapiteln dargestellten Modelle „Anforderungen", „Qualitätsmanagement-Regelkreis" und „Übersicht der Design-for-Success-Ziele" zusammengeführt und der Schritt „Tun" aus dem Qualitätsmanagement-Regelkreis durch folgende Teilprozesse beschrieben werden (Bild 3.1):

- Projekt managen (Kapitel 3.1 und 4),
- Produkt entwickeln (Kapitel 3.2 und 5),
- Produktionsprozess entwickeln (Kapitel 3.3 und 6),
- Zulieferkette entwickeln (Kapitel 3.4 und 7).

Ergebnisse

Ästhetisch	Gebrauchs-tauglich
Wert-anmutend	Gesetzes-konform
Sicher	Ökologisch nachhaltig
Sozial nachhaltig	Ökonomisch nachhaltig
Herstellungs-optimiert	Montage-optimiert
Transport-optimiert	Service-optimiert

Produktentstehungsprozess

- Projekt managen
- Produkt entwickeln
- Produktionsprozess entwickeln
- Zulieferkette entwickeln

Anforderungen

Kunden-orientierte Perfektion	Unter-nehmerischer Erfolg
Attraktivität	Nachhaltiger Erfolg
Fehlerfreiheit	Wirksamkeit
Zuverlässigkeit	Wirtschaft-lichkeit

Bild 3.1 Produktentstehungsprozess

3.1 Projekt managen

WORUM GEHT ES UND WAS BRINGT ES?

Der Teilprozess „Projekt managen" beschreibt sämtliche Tätigkeiten zur Definition, Planung, Lenkung, Absicherung und Verbesserung des Projektes, um den Anforderungen und den bestehenden Voraussetzungen entsprechend ein Gesamtoptimum für den Produktentstehungsprozess zu erreichen. In den folgenden Kapiteln werden der „Simultaneous Engineering"-Ansatz und die wichtigsten Strukturen beschrieben.

WIE GEHE ICH VOR?

3.1.1 Simultaneous Engineering

Simultaneous Engineering berücksichtigt zeitgleich alle Anforderungen bei der Produktentwicklung unter Einbindung aller benötigten Rollen. Dadurch kann der Produktentstehungsprozess beschleunigt und ein Gesamtoptimum hinsichtlich Produkt-, Produktions-, Zuliefer-, Qualitäts-, Kosten- und Terminanforderungen erreicht werden.

Möglich wird dies durch Vermeidung von Änderungsschleifen und der damit verbundenen Kosten, die durch verspätete Berücksichtigung von Anforderungen nicht gleichzeitig eingebundener Bereiche entstehen.

BEISPIEL

Aftersales benötigen wir erst später ..."

Die Kollegen aus dem Bereich Aftersales werden während der Angebotslegung für eine Produktentwicklung nicht berücksichtigt, und zwar deswegen, da man mögliche Ersatzteile ja erst viel später benötigen wird.

Während des Projektes wird erst nach der Freigabe zur Realisierung des Serienwerkzeuges im Zuge der Lieferantenauswahl für die kathodische Tauchlackierung (KTL) der Ersatzteil-Frontklappe klar, dass die Entnahme aus dem KTL-Bad in einem anderen Winkel als bei der Serienklappe erfolgt. Um das Ablaufen der Flüssigkeit trotzdem zu gewährleisten, muss eine Änderung am Abflussloch eingebracht werden.

Damit die Frontklappen noch als serienwerkzeugfallende Teile rechtzeitig angeliefert werden können, fallen Speed-up-Kosten für Überstunden beim Werkzeugmacher an.

Neben der Gefahr, dass geplante Erprobungen verzögert werden, ist das Projekt mit erheblichen Mehrkosten konfrontiert, was verhindert worden wäre, wenn sich die Kollegen aus dem Bereich Aftersales von Anfang an mit ihrer Kompetenz hätten einbringen können.

Um sämtliche Anforderungen gleichzeitig zu berücksichtigen, kann nicht mehr hintereinander, sondern muss gleichzeitig und miteinander gearbeitet werden. Die Herausforderung besteht daher in der rechtzeitigen Zusammenstellung und Führung des Teams, das sämtliche Rollen zusammenführt, die zur Sicherstellung des Gesamtoptimums notwendig sind.

Vor allem die Kommunikation und Abstimmung untereinander und die Bereitschaft der Teammitglieder, auch unfertige Ergebnisse zu teilen, spielen eine wichtige Rolle.

3.1.2 Reifegradmodell

Gates (Meilensteine als Entscheidungspunkte) stellen Messpunkte während des Projektes dar, zu denen zeitgleich über alle Fachbereiche hinweg der Grad der Zielerreichung, und damit der Reifegrad, überprüft wird. Dies reduziert den Reportingaufwand und erhöht den nötigen Handlungsspielraum für kreative Entwicklung in den Phasen zwischen den Gates. Auf der anderen Seite wird durch die Gates eine periodische Synchronisierung der Reifegrade im Projekt ermöglicht.

Durchschritten wird ein Gate erst, sobald alle für das jeweilige Gate geplanten Tätigkeiten erledigt und alle relevanten geplanten Ziele erreicht wurden. Die konsequente Anwendung dieser Vorgehensweise verhindert die Verschleppung von Problemen in spätere Projektphasen. Dies ist erfolgsentscheidend für Projekte, da

- die Kosten für Änderungen über die Projektlaufzeit exponentiell ansteigen und
- der Handlungsspielraum für Änderungen über die Projektlaufzeit exponentiell abnimmt.

In Bild 3.2 werden je Gate und je Teilprozess wesentliche Ergebnisse dargestellt, die erreicht werden müssen, um das Gate zu durchschreiten.

	PV ———	VPS ———	ZV ———	KB ———	FB ———
Gate	Produktvision	Vorläufige Produktspezifikation	Zielvereinbarung	Konzeptbestätigung	Funktionsbestätigung
Projekt	Die Anforderungs- und Umfeldanalyse ist abgeschlossen. Wirtschaftlichkeitsprognosen liegen vor.	Die Machbarkeitsanalyse ist abgeschlossen. Identifizierte Risiken sind mit Maßnahmen belegt.	Die technischen, wirtschaftlichen und terminlichen Ziele wurden als erreichbar bewertet und vereinbart.	Die Eignung der Konzepte zur Erreichung der Ziele ist im Simultaneous-Engineering-Team bestätigt.	Die Definition des Serienstandes des Produktes und der Produktionsanlagen ist freigegeben.
Produkt	Die strategische Ausrichtung des Produktes unter Berücksichtigung von Innovationspotenzialen liegt vor.	Vorläufige Produktspezifikationen sind definiert und mit machbaren Lösungsansätzen hinterlegt.	Die Produktkonzeption ist abgeschlossen. Die Produktziele sind vereinbart. Funktionsrisiken sind mit Maßnahmen belegt.	Komponentenspezifikationen sind freigegeben. Risiken sind mit Maßnahmen belegt. Das Konzept ist verifiziert.	Die Erreichbarkeit der Funktionsziele mit dem Serienstand ist verifiziert.
Produktion	Die strategische Ausrichtung der Produktion unter Berücksichtigung von Innovationspotenzialen liegt vor.	Vorläufige Produktionsspezifikationen sind definiert und mit machbaren Lösungsansätzen hinterlegt.	Die Produktionsprozesskonzeption ist abgeschlossen. Die Produktionsziele sind vereinbart.	Die Spezifikationen für Anlagen und Einrichtungen sind freigegeben. Risiken sind mit Maßnahmen belegt.	Die Erreichbarkeit der Produktionsziel mit dem Serienstand ist verifizi Die Installation der Serienanlag ist beauftragt.
Zulieferungen	Die strategische Ausrichtung für Zulieferungen unter Berücksichtigung von Innovationspotenzialen liegt vor.	Potenzielle Lieferanten sind ausgewählt. Machbare Lösungsansätze von Lieferanten liegen vor.	Lieferanten mit Entwicklungsverantwortung sind beauftragt.	Lieferanten mit Entwicklungsverantwortung haben Spezifikationen mit Umsetzungskonzept bestätigt.	Lieferanten sind für die Lieferung von Serienteiler beauftragt.

Bild 3.2 Gates des Produktentstehungsprozesses

PTO	VS	AB	SOP	PS
Produktions-Try-Out	**Vorserie**	**Anlauf-bestätigung**	**Start of Production**	**Prozess-sicherheit**
Die Anlauf-planung und der Markteinfüh-rungstermin sind bestätigt.	Die Korrekturen aus der PTO-Validierung sind berücksichtigt.	Der Serienhoch-lauf ist bestätigt. Die Korrekturen aus der Vorserien-validierung sind berücksichtigt.	Das erste Endkunden-produkt ist bereit zur Auslieferung.	Das Produkt und die Produktion erfüllen sämt-liche Anforde-rungen. Die Wirtschaft-lichkeit ist gegeben.
Das erste Produkt ist seriennah mit serienwerkzeug-fallenden Teilen aufgebaut.	Das erste Produkt ist unter Serienbedingun-gen aufgebaut. Der geplante Validierungs-fortschritt ist erreicht.	Das Produkt ist hinsichtlich gesetzlicher und wesentlicher Kunden-anforderungen validiert.	Das erste End-kundenprodukt ist produziert. Das Produkt ist validiert und zumindest vorläu-fig freigegeben.	Das Produkt ist optimiert, freigegeben und abgenommen.
Die Produktions-anlagen und -einrichtungen sind für den seriennahen Aufbau freigegeben.	Die Fähigkeit der Produktion für den Aufbau des Produktes unter Serien-bedingungen ist verifiziert.	Die Leistungs-fähigkeit und Qualitätsfähigkeit der Produktion ist validiert.	Der Produktions-prozess ist validiert und zumindest vorläufig freigegeben.	Die Produktion ist optimiert und die Stabilität nachgewiesen. Der Produktions-prozess ist freigegeben und abgenommen.
Alle Zuliefe-rungen für PTO sind aus Serien-werkzeugen vor Aufbau verfügbar.	Alle Zulieferteile erfüllen den erforderlichen Teilereifegrad.	Die Anlauffähig-keit aller Zuliefer-teile ist bestätigt. Das geometrische und farbliche Matching ist erfolgt.	Alle Zulieferteile und alle dazugehörigen Prozesse sind zumindest vorläufig freigegeben.	Alle Zulieferungen erfüllen stabil die gestellten Anforderungen.

3.1.3 Projektorganisation

Die Projektorganisation ist einerseits so aufzubauen, dass sämtliche Design-for-Success-Ziele über Rollen mit entsprechender Verantwortung abgedeckt werden, und andererseits, dass entsprechend dem Optimierungsansatz Simultaneous Engineering auf allen Produktdetaillierungsebenen ergebnisverantwortliche Rollen (Manager) festgelegt werden, die alle Simultaneous-Engineering-Rollen in entsprechenden Teams zur Optimierung zusammenführen.

3.2 Produkt entwickeln

WORUM GEHT ES UND WAS BRINGT ES?

Dieser Teilprozess beschreibt die Entwicklung eines Produktes von der Produktvision bis zur erfolgreichen Erfüllung aller kundenrelevanten Anforderungen unter Berücksichtigung der weiteren relevanten Anforderungen.

Vorgaben für den Teilprozess „Produkt entwickeln" leiten sich ab aus:

- bekannten Kundenanforderungen vom Markt,
- gesetzlichen und behördlichen Vorgaben,
- konzepterprobten Innovationspotenzialen,
- Fähigkeiten zur Produktentwicklung innerhalb der Organisation,
- strategischen Festlegungen der Organisation,
- betriebswirtschaftlichen und zeitlichen Anforderungen aus dem Business Case.

Die wesentlichen Ergebnisse des Teilprozesses „Produkt entwickeln" sind:

- Die Spezifikationen des Produktes sind definiert.
- Die Vorhersehbarkeit der Erreichung der Produktentwicklungsziele ist durch Vorbeugung und Korrektur gewährleistet.
- Die Merkmale des Produktes sind festgelegt.
- Design-for-Success-Ziele wurden entsprechend einem Gesamtoptimum für den Produktentstehungsprozess berücksichtigt.
- Die Zielerreichung und die Gebrauchstauglichkeit des Produktes sind nachgewiesen.
- Die Entwicklungs- und Produktdokumentation liegt vor.
- Kosten und Terminvorgaben wurden eingehalten.

WIE GEHE ICH VOR?

Die Entwicklung eines Produktes kann systematisch auf unterschiedliche Entwicklungsebenen heruntergebrochen werden. Diese Systematik wird durch das sogenannte **V-Modell** abgebildet (Bild 3.3). Auf jeder Ebene des V-Modells kommt der Qualitätsmanagement-Regelkreis zur Anwendung:

- **Projektebene**

Die Produktanforderungen können nur im Kontext des gesamten Produktentstehungsprozesses analysiert und definiert werden. Auch die Validierung hängt von der Umsetzung des Produktes durch Lieferanten und Produktion ab, weshalb diese Ebene über den Teilprozess „Produkt entwickeln" hinausgeht. Ziel ist das Gesamtoptimum im Projekt.

- **Produktebene**

Auf der Ebene des Produktes können die Produktanforderungen in kundenwahrnehmbare Funktionen aufgeteilt werden, welche über Zielvereinbarungen messbar werden. Auf dieser Ebene soll die Attraktivität des Produktes abgesichert werden.

- **Funktionseinheitenebene**

Kundenwahrnehmbare Funktionen und davon abgeleitete technische Funktionen können als Funktionseinheiten abgegrenzt und durch ein Funktionskonzept beschrieben und abgesichert werden. Ziel ist die Absicherung der definierten Funktionseinheiten, um die Gebrauchstauglichkeit zu gewährleisten.

- **Funktionsträgerebene**

Funktionen werden über einen oder mehrere Funktionsträger abgebildet. Diese Funktionsträger können Bauteile, Komponenten oder Module sein, welche als räumliche Einheit ein- und ausgebaut werden können. Dazu gehört auch Hardware zur Abbildung von elektrischen/elektronischen Funktionen.

Funktionsträger werden in der Produktstückliste angeführt und sind jene Einheit, über die ein Gesamtoptimum durch Simultaneous Engineering zu erzielen ist. Das bedeutet, dass Änderungen nicht alleine funktional, sondern immer über die Funktionsträgereinheit, z. B. einer Komponente, zu entscheiden sind.

Software, über die in rasant wachsender Art und Weise Produktfunktionen abgebildet werden, bildet eine Ausnahme zu den dargestellten räumlichen Einheiten als Funktionsträger. In der Automobilindustrie hat sich Automotive SPICE [VDA 2015] mit einem entsprechenden Prozessreferenz- und Prozessassessmentmodell als Standard für die Softwareentwicklung etabliert.

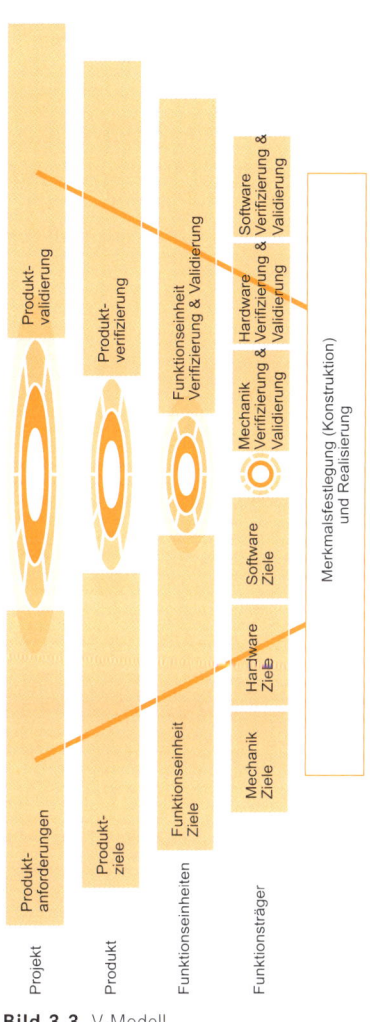

Bild 3.3 V-Modell

3.3 Produktionsprozess entwickeln

WORUM GEHT ES UND WAS BRINGT ES?

Dieser Teilprozess beschreibt die Entwicklung eines Produktionsprozesses von der Produktvision bis zur erfolgreichen Erfüllung aller produktionsrelevanten Anforderungen unter Berücksichtigung der Gesamtoptimierung im Produktentstehungsprozess.

Vorgaben für den Teilprozess „Produktionsprozess entwickeln" leiten sich ab aus:

- Produktionsanforderungen auf Basis der Produktspezifikationen,
- gesetzlichen und behördlichen Vorgaben,
- marktspezifischen Anforderungen, z. B. hinsichtlich Normen,
- konzepterprobten Innovationspotenzialen,
- Fähigkeiten zur Produktionsprozessentwicklung innerhalb der Organisation,
- strategischen Festlegungen der Organisation,
- betriebswirtschaftlichen und zeitlichen Anforderungen aus dem Business Case.

Die wesentlichen Ergebnisse des Teilprozesses „Produktionsprozess entwickeln" sind:

- Die Herstellbarkeit und Montierbarkeit des Produktes ist bestätigt.
- Design-for-Success-Ziele wurden entsprechend einem Gesamtoptimum für den Produktentstehungsprozess berücksichtigt.
- Die Spezifikationen für die Infrastruktur sind definiert.
- Die Spezifikationen für Anlagen, Maschinen und Werkzeuge sind definiert.

- Die Spezifikationen für Lehren und Prüfeinrichtungen sind definiert.
- Die Anzahl und Qualifikation von Produktionsmitarbeitern ist definiert.
- Die Datenschnittstellen zur Produktentwicklung und zu den Lieferanten sowie gegebenenfalls zu Auftraggebern sind aufgebaut.
- Die Spezifikationen zur Rückverfolgbarkeit sind definiert.
- Die Vorhersehbarkeit der Erreichung der Produktionsprozessziele ist durch Vorbeugung und Korrektur gewährleistet.
- Der Produktionsprozess ist definiert.
- Die Produktionsanlage ist aufgebaut bzw. adaptiert und getestet.
- Der Produktionslenkungsplan sowie Arbeitsanweisungen und Schulungsunterlagen liegen vor.
- Alle notwendigen Genehmigungen liegen vor.
- Die Zielerreichung und die Gebrauchstauglichkeit des Produktionsprozesses sind nachgewiesen.
- Kosten und Terminvorgaben wurden eingehalten.

WIE GEHE ICH VOR?

Ausgehend von der Produktidee und bereits bestehenden Produktspezifikationen sowie externen und internen Anforderungen wird in einem ersten Schritt die Produzierbarkeit mit den beabsichtigten Produktionstechnologien überprüft. Vor dem Schritt der Planung des Werkslayouts ist das Werk festzulegen, in dem die Produktion umgesetzt werden soll. Bei der Festlegung der Spezifikationen von Anlagen, Maschinen und Werkzeugen sind die Prinzipien der Nachhaltigkeit, vor allem hinsichtlich Umwelt- und Arbeitssicherheitsanforderungen, sowie der Energieeffizienz im Vorfeld zu berücksichtigen.

Bei der Produktionsprozessentwicklung können folgende Detaillierungsebenen betrachtet werden:

- Standort,
- Werk,
- Halle,
- Zone,
- Station,
- Arbeitsplatz,
- Arbeitsschritt.

Über den Qualitätsregelkreis werden die Prozessfähigkeit und der Gesamtreifegrad des Produktionsprozesses bis zur Abnahme gemanagt. Dabei ist das erfolgreiche Zusammenspiel zu folgenden Punkten im Rahmen der sogenannten „Station Readiness" zu gewährleisten:

- Produkt inklusive Änderungsstand und Varianten,
- Produktionsprozess inklusive Arbeits- und Prüfschritte,
- Zulieferungen inklusive Materialversorgung,
- Infrastruktur inklusive Gebäude, Anlagen, Maschinen, Werkzeuge und Transportmittel,
- Verfügbarkeit und Qualifikation von Personal.

Bei diesem Schritt kann das Potenzial von Industrie 4.0 genutzt werden. Das Ziel der Industrie 4.0 ist es, sämtliche Vorteile einer Großserienproduktion auf eine Losgröße eins mit individuellen Anforderungen (bisher Manufaktur) anwendbar zu machen. Nach der Mechanisierung, der Elektrifizierung und der Informatisierung nimmt die vierte industrielle Revolution mit dem Internet der Dinge und Dienste Formen an. Die Vernetzung der Anlagen, Maschinen, Werkzeuge, Lagersysteme und Produkte selbst ermöglicht eine Steuerbarkeit über Wertschöpfungsnetzwerke in Echtzeit. Das Potenzial der sogenannten Industrie 4.0 ist die dynamische Gestaltung und Optimierung der Produktion bis hin zur rentablen Produktion von Einzelstücken nach individuellem Kundenwunsch durch Transparenz sowie Verfügbarkeit und Vernetzung von produkt- und produktionsrelevanten Informationen [vgl. Kagermann 2013].

Durch Optimierungsvorschläge, die sich „selbstlernend" aus der vernetzten Betrachtung der Daten über den gesamten Produktionsprozess hinweg ergeben, kann der Aufwand für die Produktionsprozessentwicklung reduziert und die „Time-to-Market" verkürzt werden.

Diese Optimierungen einzelner Anlagen können über die Vernetzung auch anderen Anlagen, gegebenenfalls auch an anderen Standorten, zur Verfügung gestellt werden. Die Grenze der Automatisierung sind hierbei vor allem die Interpretation der Anforderungen, wie z. B. Gesetze, Normen oder strategische Ausrichtungen und die Umsetzung dieser Anforderungen in digital verwertbare Algorithmen.

Generelle Voraussetzung für die Ansätze der Industrie 4.0 ist die durchgängige Digitalisierung und Vernetzung der Informationen hinsichtlich

- Produkt inklusive Änderungsstand, Variante, Detailstruktur und Verbindungstechnik,
- Produktionsprozess inklusive der Arbeits- und Prüfschritte von Maschinen und Arbeitern,
- Zulieferungen inklusive Materialversorgung zum Werk bzw. ans Band,
- Infrastruktur inklusive Gebäude, Anlagen, Maschinen, Werkzeuge und Transportmittel.

3.4 Zulieferkette entwickeln

WORUM GEHT ES UND WAS BRINGT ES?

Dieser Teilprozess beschreibt die Entwicklung der Zulieferkette von der Produktvision bis zur erfolgreichen Erfüllung aller zulieferrelevanten Anforderungen unter Berücksichtigung der Erreichung des Gesamtoptimums über den Produktentstehungsprozess.

Vorgaben für den Teilprozess „Zulieferkette entwickeln" leiten sich ab aus:

- Zulieferanforderungen auf Basis der Produkt- und Produktionsprozessspezifikationen,
- gesetzlichen und behördlichen Vorgaben,
- Fähigkeiten der Lieferanten,
- strategischen Festlegungen der Organisation.

Die wesentlichen Ergebnisse des Teilprozesses „Zulieferkette entwickeln" sind:

- **Einkauf**
  - Verträge mit Lieferanten und Dienstleistern,
  - lieferantenrelevante Kosten und Terminvorgaben wurden eingehalten.

- **Logistikinfrastruktur**
  - Verpackungsspezifikationen,
  - Bandversorgungsspezifikationen,
  - Logistikinfrastruktur bereitgestellt,
  - Produktsteuerung implementiert,
  - Ablauf für Materialabrufe implementiert,
  - IT-Anbindungen implementiert.

- **Transportlogistik**
  - Transport außerhalb der Organisation festgelegt,

- Zollanforderungen erfüllt,
- Ablauf Produktauslieferung implementiert,
- Ablauf Rücklieferungen an Lieferanten implementiert,

- **Qualitätsabsicherung beim Lieferanten**
  - Lieferantenfähigkeit vor Beauftragung beurteilt,
  - Projektmanagement mit Lieferanten abgesichert,
  - Werkzeugherstellung entsprechend Planung abgesichert,
  - Zulieferkette zu Lieferant abgesichert,
  - Produktionsprozess beim Lieferanten abgesichert,
  - Produkt abgesichert,
  - lieferantenbezogene Design-for-Success-Ziele wurden entsprechend einem Gesamtoptimum für den Produktentstehungsprozess berücksichtigt.

WIE GEHE ICH VOR?

Lieferanten sind entsprechend folgender Verantwortungsumfänge rechtzeitig durch den Einkauf zu beauftragen:
- Dienstleistung (z. B. Beratung),
- Konzeptentwicklung (Konzeptwettbewerb),
- Serienentwicklung (Systementwicklung),
- Produktion (Built to Print).

Die Logistikanforderungen (z. B. maximale Entfernung vom Produktionsstandort) und die Fähigkeiten des Lieferanten (z. B. Technologiebeherrschung, Kapazität) sind bereits bei der Lieferantenauswahl zu berücksichtigen.

Ein stringentes Management jedes Beauftragungsumfanges entsprechend dem Qualitätsmanagement-Regelkreis gemeinsam mit den jeweiligen Lieferanten gewährleistet eine sichere Erfüllung der Anforderungen an Zulieferteile.

Bild 3.4 zeigt die wesentlichen Teilschritte im Produktentstehungsprozess im Überblick und nimmt zusätzlich eine grobe zeitliche Zuordnung vor.

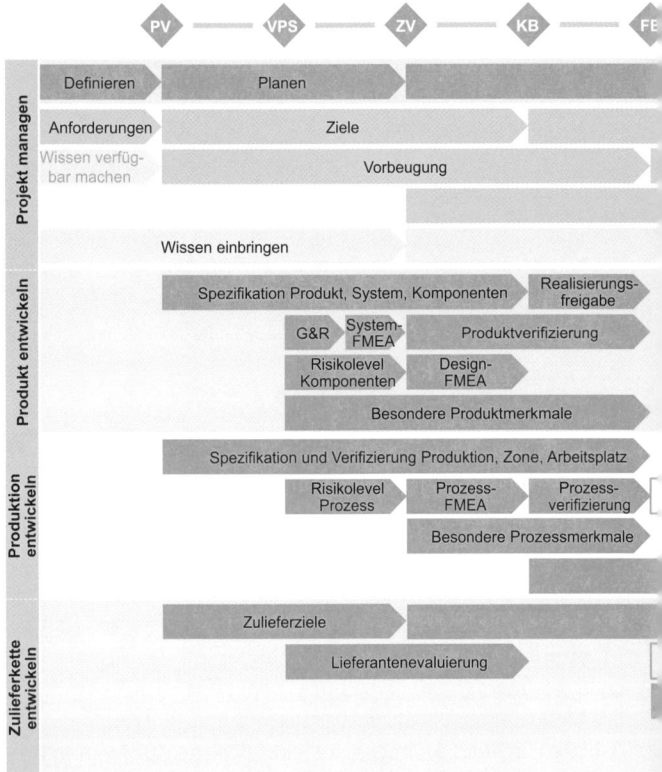

Bild 3.4 Qualitätsmanagement im Produktentstehungsprozess

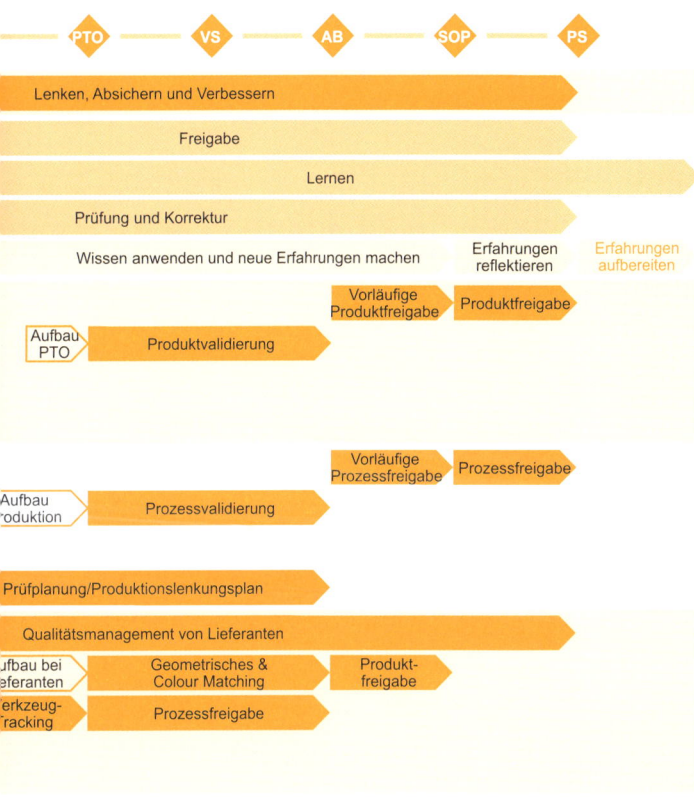

4 Projekt managen

Der Teilprozess „Projekt managen" umfasst alle Tätigkeiten rund um die Definition, Planung, Lenkung, Absicherung und Verbesserung des Projektes wie die Formulierung von Zielen, Risiko- und Chancenmanagement, Überwachung der Reifegradentwicklung und entsprechende Korrekturmaßnahmen sowie die Freigabe (analog zum Qualitätsmanagement-Regelkreis). Das Ziel dabei ist, bei bestehenden Voraussetzungen ein Gesamtoptimum bei der Produktentstehung zu erreichen und die angestrebten Anforderungen umzusetzen.

4.1 Anforderungen

WORUM GEHT ES?

Auf Basis der Anforderungen wird die strategische Projektausrichtung festgelegt sowie der Projektumfang hinsichtlich Produkt, Produktionsprozess und Zulieferungen abgegrenzt und auf Machbarkeit und Wirtschaftlichkeit beurteilt.

Die wesentlichen Ergebnisse des Schrittes „Anforderungen" sind:

- relevante Anforderungen,
- bewertete Chancen und Gefahren, die sich aus dem Umfeld ergeben,
- Ausgangssituation der Organisation,
- bewertete Stärken, wie konzepterprobte Innovationspotenziale und verfügbares Wissen, sowie Schwächen,
- strategische Ausrichtung des Projektes inklusive Produktpositionierung aufgrund spezifischer Anforderungen und konzepterprobter Innovationspotenziale sowie einer Wirtschaftlichkeitsprognose.

Die wesentlichen Teilschritte hinsichtlich Anforderungen sind:

- Wissen verfügbar machen,
- Anforderungen identifizieren,
- Wissen einbringen.

Zentrale Methoden sind Brainwriting und die SWOT-Analyse.

WIE GEHE ICH VOR?

4.1.1 Wissen verfügbar machen

Wissen verfügbar machen ist ein Teilprozess, der projekt-unabhängig durch die Organisation zu gewährleisten ist.

- Explizites Wissen, wie Lessons Learned und Best Practice, ist strukturiert unter Berücksichtigung bestehender Informationsschutzrichtlinien bereitzustellen.
- Relevante Wissensträger sind dem Bedarf entsprechend ressourcenmäßig einzuplanen.
- Auf Konzeptbasis erprobte Innovationspotenziale sind zur Verfügung zu stellen.
- Schulungen sind durchzuführen.

4.1.2 Anforderungen identifizieren

Durch die Identifizierung der Anforderungen liegen sämtliche relevante Anforderungen in einer verständlichen Form vor, um für die strategische Projektausrichtung verwendet zu werden. Mögliche Anforderungen für ein neues Produkt können aus folgenden Informationsquellen abgeleitet werden:

- Marktforschung,
- Feldrückmeldungen zu bisherigen Produkten,
- Gesetze und behördliche Auflagen,
- markt- und produktspezifische externe Regelwerke,

- Kundenwunsch,
- Erfahrungen des Teams,
- Benchmark-Daten,
- strategische Festlegungen des Unternehmens.

Die Ergebnisse aus der Anforderungsanalyse sind:

- Markttrends,
- Ist-Daten über den Markt,
- Feldrückmeldungen,
- rechtliche Anforderungen und Regelwerksanforderungen,
- Benchmark-Ergebnisse,
- Chancen und Gefahren für das Projekt.

In einem ersten Schritt sind die Kunden und andere Anspruchsgruppen zu ermitteln. Zur näheren Definition des Endkunden sind Märkte und bestimmte Personengruppen festzulegen, für die das Produkt bestimmt ist.

Nun können über Marktforschung und Feldrückmeldungen zu bisherigen vergleichbaren Produkten die Chancen und Risiken zur Produktpositionierung identifiziert werden.

Ziel ist es, ein Produkt so am Markt zu positionieren, dass aktuelle Kundenanforderungen bedarfsgerecht erfüllt, aber auch zukünftige Bedarfe und Begehrlichkeiten aufgrund absehbarer Trends und ermittelt durch unternehmerisches Gespür abgedeckt werden.

Weitere Chancen und Risiken ergeben sich durch die Analyse der Gesetze und der behördlichen Auflagen sowie der markt- und produktspezifischen Regelwerke und durch Benchmark-Analysen zum Mitbewerb.

Zusätzlich zu Anforderungen weiterer Anspruchsgruppen, wie Anforderungen und Fähigkeiten von Lieferanten oder strategische

Festlegungen des Unternehmens, können durch Kreativitätstechniken die Erfahrungen des Teams mitberücksichtigt werden.

4.1.3 Wissen einbringen

Durch den Teilprozess „Wissen einbringen" wird gewährleistet, dass die Fähigkeiten der Organisation für das Projekt bekannt und verfügbar sind.
Mögliche Vorgaben können sich von folgenden Informationsquellen ableiten:

- bestehendes explizites Wissen in strukturierter Form,
- relevante Wissensträger,
- konzepterprobte Innovationspotenziale.

Als Ergebnis stehen dem Projekt sämtliche relevante Fähigkeiten einer Organisation zur Verfügung. Dazu gehören:

- Bestehendes explizites Wissen ist priorisiert nach Relevanz im konkreten Projekt verfügbar.
- Relevante Wissensträger haben ihre Erfahrungen in mündlicher oder dokumentierter Form dem Projektteam zur Verfügung gestellt.
- Konzepterprobte Innovationspotenziale stehen entsprechend der Relevanz zur Verfügung.
- Stärken und Schwächen der Organisation, die das Projekt betreffen, sind bekannt und dokumentiert.

Wissen einer Organisation kann auf mehreren Wegen eingebracht werden:

- Verwendung von Standards einer Organisation.
- Als dokumentierte Information ausgewählter relevanter Lessons Learned und Best Practices.
- Storytelling, d. h. authentische Erzählungen durch Wissensträger über eigene Erfahrungen, die im Kontext zu den ak-

tuellen Herausforderungen im Projekt eingebracht werden. Dies ist die erfolgreichste Vorgehensweise, um bei einem neuen Projektteam Anwendungsverständnis zu erzeugen.

- Konzepterprobtes Innovationspotenzial, welches als Chance bei der Projektdefinition eingebracht wird.
- Neue Erkenntnisse, die über Kreativitätstechniken, von Brainstorming über Brainwriting und strategischen Bedürfnisanalysen bis hin zu TRIZ, der „Theorie des erfinderischen Problemlösens", gewonnen werden.

Brainwriting

Brainwriting ist eine Kreativitätsmethodik, um in kurzer Zeit möglichst viele Ideen von allen Teilnehmern gleichzeitig in verständlich dokumentierter Form zu erhalten.

Voraussetzung für ein Brainwriting ist, dass vorab durch die verantwortliche Person und den Moderator Themenbereiche ausgewählt wurden, zu denen vom eingeladenen Team kreative Rückmeldungen erhalten werden sollen. Brainwritings sollten erfahrungsgemäß nicht länger als zwei Stunden dauern, weshalb sich fünf bis sieben Themenfelder während eines Workshops gut bearbeiten lassen.

Eine weitere Voraussetzung sind eine Online-Datenbank, welche es ermöglicht, dass sämtliche Teilnehmer gleichzeitig ihre Ideen in diese Datenbank eintragen können, sowie die Verfügbarkeit der Eingabegeräte für jeden Teilnehmer, welche alle mit der zentralen Datenbank vernetzt sind. Durch diese technologische Vorgehensweise ist es nicht zwingend notwendig, dass sich alle Teilnehmer an einem Ort befinden, was vor allem in standortübergreifenden Projekten sehr von Vorteil ist.

Brainwritings können am besten zum Erfahrungstransfer genutzt werden, wenn Wissensträger und Mitglieder des neuen Projektes gemeinsam daran teilnehmen. Aufgrund der speziellen Vorgehensweise beim Brainwriting ist es möglich, dass auch 20 oder mehr Personen an mehreren Orten gleichzeitig teilnehmen. Durchschnittlich kann in etwa mit drei Ideen pro Teilnehmer je Thema gerechnet werden.

Nach einer kurzen Einführung in die Methodik durch den Moderator und einer Vorstellung der Ausgangssituation und der Zielsetzung zu den ausgewählten Themenfeldern durch den verantwortlichen Projektleiter wird beim Brainwriting folgende Vorgehensweise je Themenfeld angewandt:

- Sechs Minuten Brainwriting jeder einzelnen Person für sich selbst, d. h., jeder schreibt seine eigenen Ideen selbst in die Online-Datenbank. (Für viele Teilnehmer ist die auffallende Ruhe durch die konzentrierte Arbeit beim ersten Brainwriting eine interessante neue Erfahrung.)

- Vier Minuten Durchsprache der eingebrachten Ideen durch den Moderator gemeinsam mit dem Team. Während der Zeit der Durchsprache können die Teilnehmer weitere Ideen einbringen, welche durch die Diskussion bereits eingebrachter Ideen entstehen können.

Das alleinige Ziel der Durchsprache besteht darin, sicherzustellen, dass die eingebrachten Ideen in verständlicher Art und Weise dokumentiert wurden. Die Grundregeln des Brainstormings gelten auch für das Brainwriting:

- Möglichst viele Ideen werden eingebracht.

- Die Verständlichkeit der Ideen muss gewährleistet sein.

- Ideen werden nicht inhaltlich diskutiert oder kritisiert. Dadurch soll die Kreativität gefördert werden.

- Ideen anderer können ergänzt oder weiterentwickelt werden, wodurch kein Urheberrecht für einzelne Personen ableitbar ist.

Die Vorteile des Brainwritings gegenüber Brainstorming sind:

- Parallelisierung der Eingabe,
- Berücksichtigung der Ideen auch von zurückhaltenden Workshopteilnehmern,
- mögliche Anonymisierung der Eingabe, sofern notwendig,
- direkte elektronische Weiterverarbeitbarkeit der Ergebnisse.

Durch Brainwriting werden in den meisten Fällen aufgrund der Vorgehensweise viele ähnliche oder gleiche Ideen erfasst. In einem Folgeschritt sind daher diese ähnlichen oder gleichen Ideen in Ideenüberschriften zusammenzufassen, welche die Basis für die weitere Bearbeitung wie Bewertung und Maßnahmenableitung darstellen. Brainwriting kann z. B. für die Chancen- und Gefahrenanalyse (Anforderungen analysieren) sowie für die Stärken-Schwächen-Analyse (Wissen einbringen) verwendet werden.

SWOT-Analyse

Die SWOT-Analyse ist eine Analysemethode, um aus den Chancen und Gefahren des Projektumfeldes sowie den Stärken und Schwächen der Organisation strategische Maßnahmen abzuleiten (SWOT: Strengths, Weaknesses, Opportunities, Threats). Die Vorgaben basieren auf den

- Chancen und Gefahren, die sich aus dem Umfeld ergeben, sowie
- Stärken und Schwächen der Organisation (Wissen einbringen).

Die wesentlichen Ergebnisse sind

- Matching-Strategien,
- Umwandlungsstrategien,

- Neutralisierungsstrategien,
- Verteidigungsstrategien.

Chancen und Gefahren aus dem Umfeld werden anhand der Anforderungsanalyse identifiziert und als Input für die SWOT-Analyse bereitgestellt. Stärken und Schwächen der Organisation werden anhand des eingebrachten Wissens und durch Analysen bereitgestellt. Diese Analysen können wie viele kreative Findungsprozesse entsprechend dem Brainwriting durchgeführt werden. Die als wesentlich erkannten Chancen und Gefahren werden in einem weiteren Schritt den als wesentlich erkannten Stärken und Schwächen gegenübergestellt (Bild 4.1). Erkannte Chancen, die mit Stärken der Organisation genutzt werden können, werden als Matching-Strategien formuliert.

Kann eine Chance nicht auf Anhieb genutzt werden, so können mithilfe von kreativen Umwandlungsstrategien die Schwächen behoben werden, sodass die Chance doch noch zur Anwendung kommt. Sind extern Gefahren erkannt worden, so können Stärken genutzt werden, um die Gefahren zu verhindern. Diese Strategien werden Neutralisierungsstrategien genannt. Treffen Gefahren und Schwächen aufeinander, so sind Verteidigungsstrategien zu finden, um die erkannten Gefahren abwenden zu können.

Strategien, welche durch eine SWOT-Analyse abgeleitet wurden, gewährleisten einen roten Faden in der Ausrichtung der Produktentstehung. Auf Basis dieser identifizierten Strategien kann eine strategische Produktpositionierung abgeleitet werden, welche sowohl produktspezifische als auch wirtschaftliche und markteinführungsterminliche Anforderungen berücksichtigt.

Interne Analyse (Wissen einbringen)

	Stärken (Strengths)	**Schwächen (Weaknesses)**
	• Stärke 1 • Stärke 2 • Stärke n	• Schwäche 1 • Schwäche 2 • Schwäche n
Chancen (Opportunities) • Chance 1 • Chance 2 • Chance n	**Matching-Strategien** *Stärke einsetzen, um Chance zu nutzen* • Matching-Strategie 1 • Matching-Strategie 2 • Matching-Strategie n	**Umwandlungsstrategien** *Schwächen ausmerzen, um Chance zu nutzen* • Umwandlungsstrategie 1 • Umwandlungsstrategie 2 • Umwandlungsstrategie n
Gefahren (Threats) • Gefahr 1 • Gefahr 2 • Gefahr n	**Neutralisierungsstrategien** *Stärke einsetzen, um Gefahr zu verhindern* • Matching-Strategie 1 • Matching-Strategie 2 • Matching-Strategie n	**Verteidigungsstrategien** *Gefahr abwehren, wo eine Schwäche erkannt wurde* • Verteidigungsstrategie 1 • Verteidigungsstrategie 2 • Verteidigungsstrategie n

Externe Analyse (Anforderungen)

Bild 4.1 SWOT-Analyse-Matrix

4.2 Ziele, Vorbeugung, Prüfung und Korrektur, Freigabe, Lernen

4.2.1 Ziele formulieren

Der Zweck der Definition von Zielen besteht darin, abgeleitet von den Anforderungen angestrebte Zustände zu einem geplanten zukünftigen Zeitpunkt entsprechend SMART und überprüfbar zu beschreiben.

Die Ergebnisse aus dem Schritt „Anforderungen" bilden die Vorgaben zur Zieldefinition.

Die Ergebnisse der Zieldefinition entsprechend Design for Success sind:

- Projektziele,
- Produktspezifikationen,
- Produktionsprozessspezifikationen,
- Spezifikationen für Zulieferungen.

4.2.2 Chancen erhöhen und Risiken minimieren

Anhand des Risk Assessment werden die wesentlichen Chancen und Risiken eines Projektes identifiziert, bewertet und durch Vorbeugemaßnahmen optimiert.

Mögliche Vorgaben ergeben sich aus der

- Projektdefinition und den
- Erfahrungen.

Die Ergebnisse umfassen

- bewertete Chancen und Risiken des Projektes sowie
- Vorbeugemaßnahmen.

Auf Basis der Projektziele und der Erfahrungen der Organisation werden Chancen- und Risikoschwerpunkte festgelegt, für welche z. B. durch Brainwriting Chancen und Risiken identifiziert werden können. Nach einer Zusammenfassung zusammenhängender Chancen und Risiken erfolgt eine Bewertung hinsichtlich der Auswirkung und der Eintrittswahrscheinlichkeit (z.B. anhand der Relevanzanalyse). Die Festlegung und Lenkung von Vorbeugemaßnahmen ist die größte Herausforderung an dieser Methode.

4.2.3 Reifegrad prüfen und gegebenenfalls Korrekturmaßnahmen einleiten

Die Überprüfung des Projektreifegrades mit den Korrekturmaßnahmen orientiert sich an den festgelegten Gates. Zu diesen Gates werden sämtliche Anforderungen und Ziele auf Erfüllung und Erreichung sowie der Erledigungsstatus von Tätigkeiten und die Fähigkeit festgelegter Prozesse entsprechend Projektplanung beurteilt (siehe Abschnitt 3.1 Reifegradmodell).

4.2.4 Projekt freigeben

Eine positive Gesamtbeurteilung je Gate führt zur Freigabe des jeweiligen Gates. Mit dem abschließenden Gate „Prozesssicherheit" werden sämtliche Anforderungen und Projektvorgaben auf nachhaltige Erfüllung überprüft. Bei einer positiven Gesamtbeurteilung kann das Projekt freigegeben und abgenommen werden.

4.2.5 Aus dem Projekt lernen

Die Schritte des Lernens entsprechend der Wissensmanagement-Roadmap sind unter Abschnitt 2.7 Lernen beschrieben.

5 Produkt entwickeln

Dieser Teilprozess umfasst die Entwicklung eines Produktes von der Produktvision bis zur erfolgreichen Erfüllung aller relevanten Anforderungen. Orientierung gibt hierbei der Qualitätsmanagement-Regelkreis. Auch bei diesem Prozess ist der Aspekt des Lernens zentral (siehe hierzu Abschnitt 2.9).

5.1 Ziele

WORUM GEHT ES?

Ziele für das Produkt sind als Spezifikationen entsprechend dem V-Modell festzulegen. Anhand der Methodik Quality Function Deployment können diese systematisch von Anforderungen abgeleitet werden.

Bei erkannten Zielkonflikten oder bei gestellten Anforderungen, für die ein Lösungsansatz noch nicht bekannt ist, kann die Methode TRIZ als Hilfsmittel eingesetzt werden.

WIE GEHE ICH VOR?

5.1.1 QUALITY FUNCTION DEPLOYMENT (QFD)

QFD dient der Ableitung überprüfbarer Ziele von identifizierten Anforderungen. Die identifizierten Anforderungen (1) werden in einem ersten Schritt entsprechend der Kano-Bewertung (Zusammenhang zwischen Kundenzufriedenheit und Produkt- oder Dienstleistungseigenschaften) eingestuft (2), und die relative Wichtigkeit (4) wird z. B. über einen Paarweisen Vergleich (3) ermittelt. Dabei kann der Vergleich zweier Anforderungen zueinander direkt im House of Quality (Bild 5.1) erfolgen, die Berechnung der relativen Wichtigkeit erfolgt zweckmäßigerweise in einem zweiten Berechnungsschritt (Bild 5.2). In einem separaten Schritt wird der Zusammenhang (6) zwischen identifizierten Funktionen bzw. Merkmalen (5) und den identifizierten Anforderungen (1) bewertet. Die Summe der mit der relativen Wichtigkeit multiplizierten Zusammenhangsbewertungen je Funktion/Merkmal ergibt die technische Bedeutung (7), welche als Priorisierung der Wichtigkeit der Funktion/des Merkmals für den Markterfolg herangezogen werden kann.

Mit der Beurteilung der Optimierungsrichtung (8) und den Wechselwirkungen der Funktionen bzw. Merkmale untereinander (9) sowie der Wettbewerbsanalyse auf Basis der Anforderungen (10) und der Funktionen bzw. Merkmale (11) können in einem weiteren Schritt die Zielwerte je Funktion bzw. Merkmal festgelegt werden.

Die Wettbewerbsanalyse auf Basis der Anforderungen (10) kann bei der SWOT-Analyse mitberücksichtigt werden.

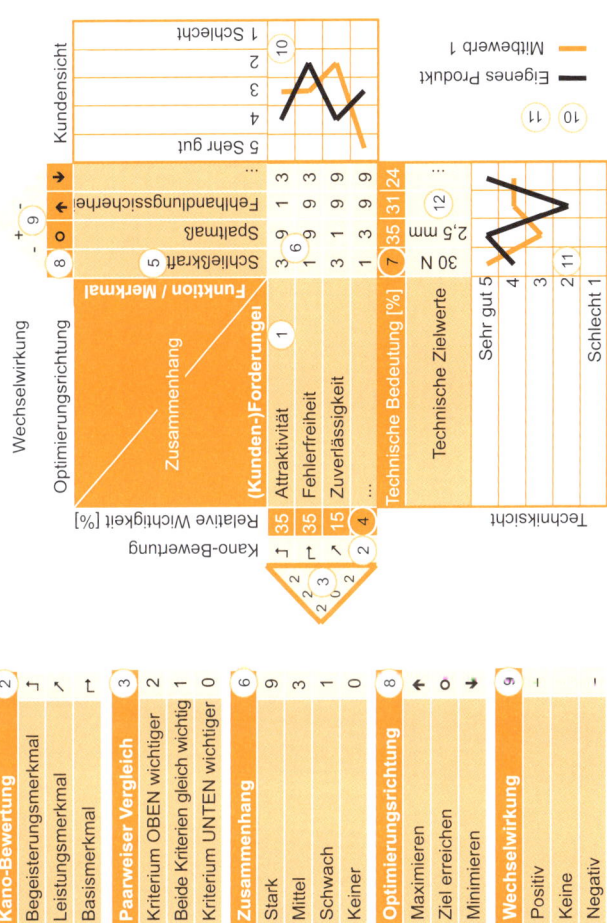

Bild 5.1 House of Quality des QFD

Paarweiser Vergleich	Kano-Bewertung	Kriterium Anforderung	Attraktivität	Fehlerfreiheit	Zuverlässigkeit	...	Summe	Basismerkmal = Max.	Relative Wichtigkeit [%]
	↰	Attraktivität	1	2	2	③	7	7	④
	↱	Fehlerfreiheit	0	1	2	0	(3)	7	35
	↗	Zuverlässigkeit	0	0	0	2	3	3	15
		...	0	2	1	1	3	3	15
		Summe					16	20	100

Paarweiser Vergleich	
Kriterium LINKS ist wichtiger	2
Beide Kriterien sind gleich wichtig	1
Kriterium OBEN ist wichtiger	0

Kano-Bewertung	
Begeisterungsmerkmal	↰
Leistungsmerkmal	↗
Basismerkmal -> Summe = Max.	↱

Bild 5.2 Paarweiser Vergleich

Die Methodik des Quality Function Deployment kann theoretisch auf beliebig umfangreiche Produkte angewendet werden, in der Praxis wird die Bewertbarkeit in der Matrix mit steigender Anzahl an Anforderungen und Merkmalen allerdings immer herausfordernder.

Deshalb kann eine Visualisierung der funktionalen Zusammenhänge in einem sogenannten Funktionskonzept zweckmäßig sein, auf Basis dessen auch ein funktionales Sicherheitskonzept (z. B. über die Methode der Gefahren- und Risikoanalyse) erstellt werden kann. Diese funktionalen Anforderungen können dann in einem weiteren Schritt in das sogenannte technische Konzept übergeleitet werden, welches die technischen Merkmale beschreibt. Auch bei dieser Überleitung können Teile oder sämtliche Ableitungsmethoden des QFD angewendet werden.

Die gestellten Anforderungen werden in messbare Ziele übergeführt, welche als Spezifikationen im Lastenheft zum Produkt, zum System oder zur Komponente dokumentiert werden.

5.1.2 TRIZ (Theorie des erfinderischen Problemlösens)

TRIZ ist ein Methodenkoffer, der auf Genrich Altschuller zurückgeht, und welcher die Findung innovativer Lösungen zu technischen Herausforderungen systematisch, mithilfe unterschiedlicher Werkzeuge, unterstützt [Wappis/Jung 2013]. Die Grundideen können auszugsweise wie folgt zusammengefasst werden:

- **Idealität:** Ein ideales Produkt erfüllt alle Anforderungen, ohne Raum, Gewicht, Mehrarbeit, Wartung, Ressourcen und Kosten (Beispiel Wikipedia im Vergleich zu einer Enzyklopädie in Buchform).

- **Analogie:** Durch Abstraktion einer Problemstellung kann über Standardlösungen eine konkrete Lösung gefunden werden.

- **Trends of Evolution:** Die Entwicklung technischer Systeme folgt beschreibbaren Gesetzmäßigkeiten. Dynamisierung ist ein Beispiel für ein solches Entwicklungsgesetz, welches das Prinzip der Entwicklung eines Objektes vom starren über einen gelenkigen, flexiblen, flüssigen bis hin zum feldförmigen Zustand beschreibt. Beispiel dafür ist das Werkzeug zur Längenmessung vom Zollstab über den klappbaren Zollstock und das flexible Maßband bis zum Lasermessgerät.

- **Widersprüche:** Innovative Entwicklungen werden durch Überwindung von Widersprüchen möglich. Ein Beispiel dafür ist die Geschwindigkeit eines Sesselliftes, die hoch sein soll, um möglichst viele Menschen möglichst schnell zu transportieren, und auf der anderen Seite langsam sein soll, damit ein bequemes Ein- und Aussteigen möglich ist. In der Widerspruchsmatrix von Altschuller sind 39 technische Parameter als Matrix aufgespannt. Liegt ein Konflikt zwischen zwei Parametern vor, so werden im Schnittpunkt der Matrix mögliche innovative Prinzipien empfohlen.

- **Innovative Prinzipien:** Viele Erfindungen können auf eine kleine Anzahl an Lösungsprinzipien zurückgeführt werden. Ein Beispiel aus den 40 innovativen Prinzipien ist die Verschachtelung, welche z. B. bei der Teleskopantenne zur Anwendung kommt.

5.2 Vorbeugung

WORUM GEHT ES?

Auch bei diesem Teilprozess müssen Chancen genutzt sowie Risiken minimiert werden, um das Produkt erfolgreich zu entwickeln. Hierfür bieten sich die Gefahren- und Risikoanalyse zur Identifizierung und Klassifizierung von möglichen Gefährdungen und Risiken sowie die Risikolevelbewertung zur Festlegung des Risikolevels an. Die Fehlermöglichkeits- und -einflussanalyse (FMEA) dient der Systemoptimierung und kann zur Risikoanalyse herangezogen werden. Zudem sind besondere Produktmerkmale, bei denen größere Streuungen zu negativen Auswirkungen führen können, besonders abzusichern. Besondere Merkmale, welche durch menschliche Fehlhandlungen beeinflussbar sind, können anhand der Methode Poka Yoke fehlhandlungssicher gemacht werden.

WIE GEHE ICH VOR?

5.2.1 Gefahren- und Risikoanalyse (G&R)

Die Gefahren- und Risikoanalyse entsprechend der automobilspezifischen ISO 26262 [ISO 26262:2011] dient der Identifizierung und Klassifizierung von möglichen Gefährdungen und Risiken, welche durch Fehlfunktionen von elektrischen/elektronischen Systemen ausgelöst werden können, sowie der Ableitung von Sicherheitszielen als übergeordnete Sicherheitsanforderung zur Vermeidung oder Entschärfung unzumutbarer Fehler.

Mögliche Vorgaben basieren auf den Funktionseinheiten, die kundenwahrnehmbare Funktionen ausführen, inklusive der Beschreibung der Funktionen, der Systemgrenze und der Schnittstellen zu anderen Funktionseinheiten.

Die Ergebnisse umfassen:

- Sicherheitsziel als übergeordnete Sicherheitsanforderung zur Vermeidung oder Entschärfung kritischer Fehler,
- ASIL (Automotive Safety Integrity Level) – dem Sicherheitsziel zugeordnete Sicherheitsanforderungsstufe.

Die Gefahren- und Risikoanalyse besteht aus folgenden Punkten:

- Situationsanalyse, um relevante Betriebszustände und Situationen von Fehlfunktionen, auch unter Berücksichtigung möglicher erwartbarer Missbrauchsfälle, zu beschreiben.
- Bewertung des Schadensausmaßes entsprechend den Bewertungsklassen S0 (keine Verletzung) bis S3 (lebensbedrohliche Verletzungen).
- Bewertung der Expositionshäufigkeit, und damit der Auftretenshäufigkeit einer Fahrsituation, entsprechend den Bewertungsklassen E0 (nahezu unmöglich) bis E4 (hohe Wahrscheinlichkeit).
- Bewertung der Kontrollierbarkeit, und damit der Erwartung, dass Gefährdung durch Beteiligte abgewandt werden kann, entsprechend den Bewertungsklassen C0 (im Allgemeinen kontrollierbar) bis C3 (schwer zu kontrollieren bis unkontrollierbar).
- Berechnung des ASIL als Summe der drei Bewertungsklassen (SEC = 10: ASIL D, SEC = 9: ASIL C, SEC = 8: ASIL B, SEC = 7: ASIL A, SEC ≤ 6 keine Zusatzanforderungen an die Absicherung aufgrund der Gefahren- und Risikoanalyse).

5.2.2 Risikolevel bewerten und Methodeneinsatzplan

Die Risikolevelbewertung dient der Festlegung des Risikolevels je Komponente und davon abgeleitet der Festlegung, ob vertiefende Methoden zur Risikoabsicherung, z. B. mittels FMEA, durchzuführen sind. Aufgrund der systematischen Vorgehensweise kann der Methodeneinsatz zur Prävention optimiert werden.

Mögliche Vorgaben können sich von folgenden Informationsquellen ableiten:

- definierte Produktstruktur,
- bewertbares Konzept,
- Lessons Learned zur Komponente,
- Zulieferstatus je Komponente (Systementwicklungslieferant, Built-to-Print-Lieferant, Hausteil etc.).

Die Ergebnisse umfassen:
- Risikolevel je Komponente,
- Methodeneinsatzplan zur vertiefenden Risikoabsicherung.

Die Bewertung des Risikos je Komponente zu den folgenden Themengebieten erfolgt entsprechend dem Level hoch/mittel/niedrig auf Basis folgender Kriterien:

- Neuigkeitsgrad der Komponente,
- Komplexität/Vielfalt der Funktionen der Komponente,
- Sicherheitsrelevanz,
- Gesetzesrelevanz,
- Fehlhandlungswahrscheinlichkeit,
- bekannte Probleme vergleichbarer Komponenten,
- Neuigkeitsgrad der Herstellung,
- technologische Komplexität,
- Arbeitssicherheitsrelevanz,
- Fehlhandlungswahrscheinlichkeit in der Produktion,
- bekannte Probleme in der Produktion bei vergleichbaren Komponenten.

Wird zumindest eines der Themengebiete mit einem hohen Risikolevel bewertet, so sind vertiefende Risikoabsicherungsmethoden wie eine FMEA für diese Komponente durchzuführen. Ist keine Bewertung mit hohem, jedoch zumindest eine mit mittlerem Risikolevel erfolgt, so sind vertiefende Risikoabsicherungsmethoden wie eine FMEA im Team zu entscheiden, zumindest jedoch sind spezifische Vorbeugemaßnahmen entsprechend der Beurteilung zu treffen.

5.2.3 FMEA

Die Fehlermöglichkeits- und -einflussanalyse (FMEA) ist entsprechend VDA 4 [VDA 2012] sowohl eine Systemanalyse zur Systemoptimierung als auch eine Risikoanalyse zur Risikominimierung. Damit unterstützt die FMEA

- bei der Absicherung von Funktionsanforderungen,
- bei der Minimierung von Gewährleistungs- und Kulanzkosten,
- bei der Nachweisführung zur Entlastung im Produkthaftungsfall und
- beim Wissensaufbau in Unternehmen.

Die FMEA kann sowohl für Produkte als Produkt-FMEA als auch für Produktionsprozesse als Prozess-FMEA durchgeführt werden. Neben weiteren Detaillierungsmöglichkeiten kann die Produkt-FMEA in eine System-FMEA und eine Design-FMEA unterteilt werden:

DIE SYSTEM-FMEA

- wird für die Analyse der Anforderungen und Funktionen einer geometrischen oder funktionalen Einheit und zur Systemoptimierung bzw. zur Risikominimierung verwendet,

- betrachtet die geometrische oder funktionale Einheit als Blackbox, damit ist die Auslegung der Einheit noch nicht Betrachtungsumfang,
- wird bei der Integration von geometrischen oder funktionalen Einheiten in das Gesamtprodukt angewandt, d. h. durch jenes Unternehmen verantwortet, das die Integrationsverantwortung trägt.

DIE DESIGN-FMEA

- wird für die Analyse der Umsetzung der Anforderungen und Funktionen in der Produktauslegung und zur Optimierung und Risikominimierung für die jeweilige Einheit verwendet,
- ist eine weitere Detaillierungsstufe der System-FMEA,
- wird bei der Auslegung von geometrischen oder funktionalen Einheiten angewandt, d. h. durch jenes Unternehmen verantwortet, das die Entwicklungsverantwortung trägt,
- ist auch für mechatronische Systeme anwendbar, dabei sind unter anderem Betriebszustand und Regelungsthemen zu berücksichtigen.

Die Vorgaben leiten sich von einem bewertbaren Konzept ab. Die Ergebnisse sind

- Produkt-/Prozess-Struktur,
- Funktionsstruktur,
- Fehlernetz,
- Maßnahmenübersicht,
- Risikooptimierung.

Im ersten Schritt (Bild 5.3) wird die Produkt- bzw. Prozessstruktur inklusive Abgrenzung und struktureller Zusammenhänge der einzelnen Systemelemente (Funktionsträger entsprechend dem V-Modell) festgelegt.

Im zweiten Schritt werden die Funktionen inklusive der Wirkzusammenhänge analysiert und vernetzt mit den Funktionsträgern dargestellt.

Die beiden ersten Schritte der FMEA, die Strukturanalyse und die Funktionsanalyse, sind wesentliche Schritte der Systemanalyse, welche bei der FMEA benötigt werden und durch eine systemisch vernetzte Abbildung tatsächlich das System „betrachtete Einheit" optimieren helfen. Diese beiden ersten Schritte sind Teil der Anforderungsanalyse und der Zieldefinition (Spezifikationsfestlegung). Damit kann einerseits bei der FMEA auf diese Ergebnisse zurückgegriffen oder andererseits die FMEA direkt für die Lastenhefterstellung (Spezifikationsfestlegung) verwendet werden.

Im Schritt der Fehleranalyse werden mögliche Fehlfunktionen zu den Funktionen ermittelt und mit der Systemstruktur und der Funktionsstruktur vernetzt. Im Fehlernetz können entsprechend der Detaillierungsebene die mögliche Fehlerfolge, der mögliche Fehler und die mögliche Fehlerursache abgebildet werden.

Im Schritt der Maßnahmenanalyse werden bereits vereinbarte Vermeidungs- und Entdeckungsmaßnahmen zugeordnet und wird darauf aufbauend das Risiko je Fehlfunktion abgeschätzt. Entdeckungsmaßnahmen während des Produktentstehungsprozesses sind aus der geplanten Designprüfung zu entnehmen bzw. dort aufzunehmen.

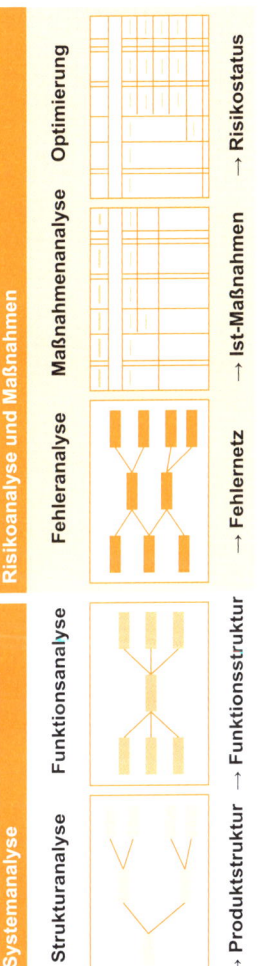

Bild 5.3 Schritte der FMEA [vgl. VDA 2012]

Im Rahmen der FMEA wird das Risiko entsprechend folgenden Bewertungszahlen bewertet:

- B – Bedeutung der Fehlerfolge, und damit die Auswirkung, wenn der potenzielle Fehler eintritt (B = 10 wird für sicherheits- und gesetzeskritische bzw. unternehmensgefährdende Risiken eingesetzt, während B = 1 kein wahrnehmbares Risiko beschreibt).

- A – Expertenabschätzung der Auftretenswahrscheinlichkeit der Fehlerursache unter Berücksichtigung vereinbarter Vorbeugemaßnahmen (A = 10 bedeutet eine sehr hohe Wahrscheinlichkeit, während A = 1 für sehr unwahrscheinliche Risiken eingesetzt wird).

- E – Expertenabschätzung der Entdeckungswahrscheinlichkeit unter Berücksichtigung aller identifizierten Entdeckungsmaßnahmen. Mögliche Entdeckungsmaßnahmen sind auch sämtliche Verifizierungs- und Validierungsmaßnahmen (bei der Entdeckungswahrscheinlichkeit dreht sich die Bewertungslogik um: E = 1 bedeutet, dass der Fehler sicher und rechtzeitig entdeckt wird, während E = 10 verwendet wird, wenn es unmöglich erscheint, dass der Fehler rechtzeitig, wenn überhaupt, entdeckt wird).

Als letzter Schritt der FMEA werden die Optimierung und damit die Festlegung von notwendigen Maßnahmen sowie die Prüfung der Wirksamkeit dieser Maßnahmen durchgeführt.

5.2.4 Besondere Produktmerkmale

Besondere Produktmerkmale, und damit Merkmale, die bei größerer Streuung Auswirkungen auf die Design-for-Success-Ziele haben, sind zu identifizieren und zu dokumentieren. Die weitere Behandlung erfolgt z. B. in einer Prozess-FMEA sowie aufgrund höherer Anforderungen für Prozessfähigkeits- und Prüfmittelfähigkeitsnachweise.

Mögliche Vorgaben können sich von folgenden Informationsquellen ableiten:

- vom Kunden definierte besondere Merkmale, sofern verfügbar,
- bestehendes explizites Wissen (Erfahrungen) zu besonderen Merkmalen,
- Spezifikationen,
- bewertbare Konzepte und Produktdefinitionen,
- Erkenntnisse aus der Vorbeugung.

Die Ergebnisse umfassen:

- Dokumentation der besonderen Produktmerkmale in produktdefinierenden Dokumenten, z. B. auf der Zeichnung,
- Dokumentation der besonderen Produktmerkmale in der Produkt-FMEA,
- definierte Absicherungsmaßnahmen besonderer Merkmale,
- Dokumentation im Produktionslenkungsplan.

In einem ersten Schritt werden besondere Produktmerkmale im Zuge der Anforderungsanalyse, der Wissenseinbringung und der Vorbeugung identifiziert und entsprechend folgenden Kategorien klassifiziert und dokumentiert:

- sicherheitsrelevant (z. B. sicherheitskritische Schraubverbindungen),
- gesetzlich relevant,
- kundenrelevant (z. B. Funktion, Optik),
- produktionsrelevant (z. B. Montierbarkeit).

Für erkannte besondere Merkmale sind in einem zweiten Schritt Absicherungsmaßnahmen festzulegen. Dies sind z. B.:

- Prozessfähigkeitsnachweise,

- Prüfsystemfähigkeitsnachweise,
- Gewährleistung der Fehlhandlungssicherheit.

Statistisch auswertbare, d. h. quantitativ messbare und mit Toleranzen versehene besondere Merkmale können anhand von Prozessfähigkeitsnachweisen abgesichert werden, z. B. mit folgenden Prozessfähigkeitszielen:

- Prozessfähigkeit $C_{pk} \geq 1,33$ (dies bedeutet, dass theoretisch jedes 16.000. Teil bei diesem Merkmal außerhalb der Toleranz sein wird) ist für alle streuenden Merkmale anzustreben.

- Prozessfähigkeit von $C_{pk} \geq 1,67$ (d. h., dass theoretisch jedes 1,8-millionste Teil bei diesem Merkmal außerhalb der Toleranz sein wird) ist für besondere Merkmale anzustreben.

Die Grenzen sind entsprechend der Kritikalität festzulegen, wobei generell gilt, dass jede Abweichung von dem als optimal gefundenen Zielwert für ein (besonderes) Merkmal das Risiko der Nichterfüllung der Anforderungen progressiv vergrößert und damit den Erfolg am Markt beeinflusst.

Genichi Taguchi hat diesen Zusammenhang kostenmäßig quantifiziert, indem er ein Berechnungsmodell von Zielabweichungskosten entsprechend einer Parabel mit dem Zielwert als Scheitelpunkt aufstellte. Dieses Modell geht davon aus, dass Zielwertabweichungen auch innerhalb der Toleranz exponentiell das Risiko zu Fehlern und zu steigenden Fehlerkosten erhöhen, weshalb jegliche Abweichung vom Zielwert vermieden werden soll. Toleranzgrenzen sind dementsprechend jene Grenzen, ab denen das Risiko statistisch nicht mehr tragbar erscheint. Die Reduktion von Streuungen ist daraus folgend ein nicht zu unterschätzender Stellhebel zur Verbesserung des Unternehmensergebnisses [vgl. H. H. Danzer 1995].

5.2.5 Poka Yoke

Poka Yoke (japanisch: Poka = unbeabsichtigter Fehler, Yoke = Vermeidung) dient zur fehlhandlungssicheren Gestaltung von Produkten und Produktionsprozessen, sodass menschliche Fehlhandlungen nicht möglich bzw. Fehlerfolgen durch menschliche Fehlhandlungen vermieden werden.

Die Vorgaben basieren auf erkannten Produkt- bzw. Produktionsprozessrisiken und Problemen, bei denen durch menschliche Fehlhandlungen Fehler auftreten können.

Die wesentlichen Ergebnisse sind:

- fehlhandlungssichere Produkte und Produktionsprozesse,
- Abläufe, die auf Fehlhandlungen hinweisen.

In einem ersten Schritt werden bei Poka Yoke die Fehlhandlung und die Fehlerfolge festgelegt. Fehlhandlungen können z.B. sein:

- Fehlbedienung,
- Vergesslichkeit,
- Missverständnisse,
- Übersehen,
- Unwissen,
- Langsamkeit,
- Überraschungsfehler,
- absichtliche Fehler.

In einem zweiten Schritt werden Maßnahmen zur Vermeidung von Fehlhandlungen bzw. Fehlerfolgen festgelegt. Dabei wird hinsichtlich des Prüfzeitpunktes, der Prüfart und der Auswirkung der Vorbeugemaßnahmen unterschieden.

Der Prüfzeitpunkt (Prüfmethode) kann wie folgt sein:

- vor der Fehlhandlung (Fehlhandlung und damit Fehlerfolge vermeidbar),

- während der Fehlhandlung (Fehlhandlung oder nur Fehlerfolge vermeidbar),
- nach der Fehlhandlung (nur Fehlerfolge vermeidbar).

Die Prüfart (Auslösefunktion) kann z. B. sein:
- geometrische oder sensorische Prüfung,
- Prüfung der Anzahl,
- Prüfung der Reihenfolge.

Die Auswirkung der Prüfung (Regulierungsfunktion) kann sein:
- Fehlhandlung wird verhindert („harte" Poka-Yoke-Lösung).
- Vor Fehlhandlung wird gewarnt („weiche" Poka-Yoke-Lösung).

Die Auswahl von Vorbeugemaßnahmen, welche über das Produkt oder den Produktionsprozess umgesetzt werden können, hängt von der Bedeutung der Fehlerfolge sowie der Einfachheit der Umsetzungsmöglichkeiten ab. Prinzipiell sind Vorbeugemaßnahmen zur Verhinderung von Fehlhandlungen und nur notfalls Warnungen einzusetzen.

5.3 Prüfung

WORUM GEHT ES?

Die Produktprüfung kann in die Produktverifizierung und die Produktvalidierung unterschieden werden. Die Produktverifizierung dient der Überprüfung der Zielerreichung und ist z. B. die Designprüfung. Die Produktvalidierung dient der Überprüfung der Erfüllung der Anforderungen bzw. der Gebrauchstauglichkeit, z. B. anhand eines Produktaudits oder einer kundennahen Erprobung.

WIE GEHE ICH VOR?

5.3.1 Designprüfung

Eine Designprüfung dient der Beurteilung des Entwicklungsfortschritts.

Die Vorgaben leiten sich von folgenden Informationsquellen ab:

- Produktspezifikationen,
- Regelungen des Qualitätsmanagements,
- Erprobungsplan.

Das Ziel ist das Erreichen des angestrebten Entwicklungsreifegrades.

Entsprechend dem Projektplan werden bei der Designprüfung die Erreichung der Produktspezifikationen und die Ergebnisse aus dem Erprobungsplan (DVP&R – Design Verification Plan & Report) beurteilt. Die Beurteilung erfolgt entsprechend den Design-for-Success-Zielen im Team für Simultaneous Engineering. Das Beurteilungsergebnis ist ein wesentlicher Auslöser im Qualitätsmanagement-Regelkreis.

5.3.2 Produktaudit

Produktaudits dienen einer Beurteilung aus Kundensicht, ob ein Produkt die Anforderungen erfüllt. Diese Beurteilung stellt eine Prognose der Kundenzufriedenheit dar, aufgrund derer geeignete Optimierungsmaßnahmen festgelegt werden können.

Die Vorgaben ergeben sich aus den Kundenanforderungen und dem Produkt.

Die wesentlichen Ergebnisse umfassen Kundenzufriedenheitsindikatoren sowie das Ableiten von Optimierungspotenzialen.

Je nach Reifegrad des Produktes können durch virtuelle Produktaudits, Audits an Prototypen oder an Produkten aus der Serienproduktion der Grad der Erfüllung von Anforderungen aus Kundensicht und die wahrgenommene Qualität (Perceived Quality) beurteilt werden.

Abweichungen zu Anforderungen können auch dann auftreten, wenn alle Produktziele erreicht wurden, diese Ziele jedoch nicht ausreichend geeignet sind, sämtliche Anforderungen abzudecken. Diese Zielkonflikte eröffnen Abstimmungsbedarf, der im Sinne der Qualitätsorientierung gewünscht ist.

Virtuelle Audits sowie Audits an Prototypen und während des Produktionsanlaufes werden reifegradgesteuert geplant. Die ersten Produkte für Endkunden können in Lose zusammengefasst einzeln auditiert werden, bis ein gewünschter Reifegrad erfüllt ist, ab dem in der Serie mittels Stichproben an versandfertigen Produkten das Produktaudit vor der Produktauslieferung erfolgt.

5.3.3 Kundennahe Erprobung

Die kundennahe Erprobung dient der Beurteilung des Produktes durch unabhängige, aber unternehmensnahe Personen, bevor ein Produkt auf den Markt kommt. Dadurch sollen Anforderungen an das Produkt und Rückmeldungen gewonnen werden, die durch eine noch so gute systematische Abwicklung des Produktentstehungsprozesses nicht gefunden werden konnten.

5.4 Freigabe

Realisierungsfreigabe: Bevor die Herstellung von Serien-werkzeugen für physische Produkte ausgelöst wird, ist der Serienentwicklungsstand hinsichtlich der Zielerreichung (sämtliche Design-for-Success-Ziele) unter Einbindung aller benötigten Rollen bei der Entwicklung von Produkten (Simultaneous Engineering) zu überprüfen und freizugeben. Diese Realisierungsfreigabe wird häufig auch Beschaffungsfreigabe genannt.

Vorläufige Produktfreigabe: Für die Produktion von kundenfähigen Produkten ist das Produkt entsprechend den Vorgaben zumindest vorläufig freizugeben.

Produktfreigabe: Im eingeschwungenen Zustand, zumeist bei Erreichung der geplanten Kammlinie (Produktion der maximalen Tagesstückzahl), ist ein optimierter Produktzustand final mit der Produktfreigabe freizugeben und damit der Prozess „Produkt entwickeln" abzuschließen.

6 Produktionsprozess entwickeln

WORUM GEHT ES?

Dieser Teilprozess beschreibt die Entwicklung eines Produktionsprozesses von der Produktvision bis zur erfolgreichen Erfüllung aller produktionsrelevanten Anforderungen unter Berücksichtigung der Gesamtoptimierung im Produktentstehungsprozess. Auch hier bildet der Qualitätsmanagement-Regelkreis die Basis.

WIE GEHE ICH VOR?

6.1 Ziele

Die Ziele für den Produktionsprozess leiten sich aus den Produktzielen und den bestehenden Produktionsgegebenheiten ab. Dies ist systematisch mit der Methodik Quality Function Deployment für die Schritte Prozessmerkmals- und Prüfmerkmalsfestlegung möglich.

Wesentliche Ziele werden für das Werkslayout und den Prozessablauf sowie in den Anlagen- und Werkzeugspezifikationen dokumentiert.

6.2 Vorbeugung

6.2.1 Prozess-FMEA

Die Prozess-FMEA wird für die Analyse der Gestaltung von Prozessen und damit zur Prozessoptimierung und Risikominimierung verwendet. Die Verantwortung zur Durchführung einer Prozess-FMEA wird durch jene Unternehmen getragen, die für die Produktion verantwortlich zeichnen.

6.2.2 Besondere Prozessmerkmale

Besondere Prozessmerkmale beschreiben jene Parameter des Prozesses, wie z. B. die Temperatur bei einem Verarbeitungsschritt, die wesentlichen Einfluss auf das Produkt haben und für die abgesicherte Steuerung des Prozesses notwendig sind. Die Vorgaben werden durch folgende Aspekte definiert:

- Produktionsprozessspezifikationen,
- Prozessablauf und
- besondere Produktmerkmale.

Als Ergebnis ergeben sich eine Dokumentation der besonderen Prozessmerkmale in der Prozess-FMEA sowie die Dokumentation im Produktionslenkungsplan.

Die besonderen Prozessmerkmale werden entsprechend den Klassifizierungen der beeinflussten besonderen Produktmerkmale gekennzeichnet und sind entsprechend dem Produktionslenkungsplan zu lenken.

6.2.3 Produktionslenkungsplan

Der Produktionslenkungsplan fasst die festgelegten Prozessabläufe und Produktionsmittel, relevante Produkt- und Prozessmerkmale, Prüfschritte und Prüfmittel sowie den Reaktionsplan systematisch zusammen. Unter Einhaltung der im Produktionslenkungsplan dokumentierten Abläufe und Regelungen kann die vorhersehbare Erfüllung der Anforderungen durch das Produkt gewährleistet werden.

Der Produktionslenkungsplan ist eine systematische Zusammenführung folgender Informationen:

- Definition des Geltungsbereiches,
- Beschreibung des Arbeitsschrittes und der Arbeitsmittel,

- Beschreibung der relevanten Produkt- und Prozessmerkmale inklusive Klassifikation der besonderen Merkmale und festgelegter Toleranzen (meist abgeleitet aus der FMEA),
- Beschreibung des Prüfsystems inklusive Methodik, Häufigkeit und Umfang der Prüfungen sowie der Dokumentationsart,
- vordefinierte Reaktionsmaßnahmen für potenzielle Abweichungen (Notfallplan).

6.2.4 Messsystemanalyse und Prüfmittelüberwachung

Messsysteme, die zur Messung von Merkmalen entsprechend dem Produktionslenkungsplan zum Einsatz kommen, benötigen hinsichtlich ihrer Eignung und Fähigkeit, konforme Messergebnisse zu liefern, typischerweise folgende Nachweise:

- ausreichende Messauflösung,
- Streuung der Messergebnisse innerhalb festgelegter Toleranzen,
- Linearität über den definierten Messbereich,
- beherrschbarer Einfluss des Bedieners der Messeinrichtung und anderer Einflussfaktoren (z. B. Temperatur, Verschmutzung).

Um über die gesamte Produktionslaufzeit zu gewährleisten, dass Ergebnisse festgelegter Prüfungen den geforderten Genauigkeiten entsprechen, sind relevante Prüfmittel als überwachte Prüfmittel zu führen und regelmäßig zu kalibrieren, d. h., auf ihre Prüfeignung hin zu überprüfen.

Ergibt die Überprüfung eine Abweichung zu den Kalibrierspezifikationen, ist das Prüfmittel instand zu setzen oder auszuscheiden. Freigegebene Prüfmittel sind als solche zu kennzeichnen [vgl. VDA 2011 und ISO 10012:2003].

6.3 Prüfung

Die Verifizierung des Produktionsprozesses, und damit die Überprüfung der Erreichung der geplanten Ziele, erfolgt vor der Realisierung über eine virtuelle Beurteilung der Herstellbarkeit und Montierbarkeit. Nach dem Aufbau des Produktionsprozesses erfolgt die Verifizierung übergeordnet anhand der Beurteilung der Station Readiness.

Die Validierung des Produktionsprozesses, und damit die Überprüfung der Gebrauchstauglichkeit aus der Sicht einer produktionsunabhängigen Person, erfolgt im Rahmen des Prozessaudits.

6.3.1 Station Readiness

Entsprechend dem geplanten Reifegrad sind Mindestvoraussetzungen zum Produktionsprozess nachzuweisen, wie:
- Erreichung der definierten Prozessfähigkeiten,
- Erreichung erforderlicher Zykluszeiten und Verfügbarkeiten (z. B. Run@Rate),
- Erreichung des erforderlichen Schulungsgrades des Produktionspersonals,
- Gebrauchstauglichkeit benötigter Prüfeinrichtungen,
- Nachweise positiver Prüfergebnisse entsprechend dem Produktionslenkungsplan.

6.3.2 Prozessaudit

Prozessaudits dienen der Beurteilung der Eignung und Konformität von Prozessen durch prozessunabhängige Auditoren. Das Ziel dabei ist ein objektiver Nachweis, dass aus dem Prozess resultierende Produkte die gestellten Forderungen erfüllen können - also das Erreichen des Erfüllungsgrades der Eignung und Konformität sowie das Wahrnehmen oder Wahrnehmenkönnen der Werkerselbstverantwortung.

Die Vorgaben werden abgeleitet von den definierten Prozessabläufen und dem Produktionslenkungsplan.

Prozessaudits können laut Jahresplan geplant oder im Anlassfall außerplanmäßig durchgeführt werden. Die Auditierung erfolgt nach einer vorher zu definierenden Checkliste und Bewertungssystematik. Dadurch ist eine Vergleichbarkeit der Auditergebnisse gegeben, auf Basis derer die Festlegung von gegebenenfalls notwendigen Maßnahmen priorisiert werden kann.

Entsprechend VDA 6.3 [VDA 2010] kann z.B. eine Bewertung je Checklistenpunkt von 0 (ungeeignet) bis 10 (Einhaltung aller Vorgaben) vorgenommen werden. Der daraus resultierende prozentuelle Erfüllungsgrad kann in die Stufen A ($\geq 90\,\%$), B (80 bis 89 %) und C ($< 80\,\%$) eingeteilt werden.

6.4 Freigabe

Vorläufige Produktionsprozessfreigabe: Vor Beginn der Serienproduktion von kundenfähigen Produkten ist der Produktionsprozess entsprechend den Vorgaben zumindest vorläufig freizugeben.

Produktionsprozessfreigabe: Im eingeschwungenen Zustand, zumeist bei Erreichung der geplanten Kammlinie (Produktion der geplanten maximalen Tagesstückzahl), ist ein optimierter Zustand statistisch signifikant auf Fähigkeit, Wirksamkeit und Wirtschaftlichkeit zu überprüfen und mit der Produktionsprozessfreigabe der Prozess „Produktionsprozess entwickeln" abzuschließen.

7 Zulieferkette entwickeln

WORUM GEHT ES?

Der Qualitätsmanagement-Regelkreis kann auch mit Lieferanten angewandt werden. Dabei sind der Reifegrad der Arbeitsumfänge und die Erfüllung der Anforderungen und Ziele zu den jeweiligen Gates entsprechend Vereinbarung zu gewährleisten. Es muss sichergestellt sein, dass die Lieferanten entsprechend des definierten Verantwortungsumfanges rechtzeitig einbezogen werden.

WIE GEHE ICH VOR?

7.1 Ziele

Hinsichtlich der Zulieferkette können folgende Arten von Zielen festgelegt werden:

- strategische Ziele (z. B. strategische Partnerschaften),
- einkaufstechnische Ziele (z. B. Kostenziele),
- logistische Ziele (z. B. maximale Entfernungen und Lieferbedingungen),
- Qualitätsziele (z. B. Zertifizierungsvorgaben, Lieferantenbeurteilungen).

7.2 Vorbeugung

Die **Lieferantenevaluierung** dient der Beurteilung, ob einerseits ein potenzieller Lieferant prinzipiell fähig ist, gestellte Anforderungen zu erfüllen, und welches Risiko und damit welcher Aufwand andererseits seitens des Auftraggebers für Lieferantenqualitätsmanagement im Falle einer Beauftragung zu erwarten sind.

Mögliche Vorgaben können sich von folgenden Informationsquellen ableiten:

- potenzielle Lieferanten und
- beurteilbare Anforderungen an geplante Zulieferumfänge.

Die wesentlichen Ergebnisse umfassen eine

- Risikoabschätzung je potenzieller Lieferant für die Lieferantenauswahl sowie eine
- Aufwandsprognose für das Lieferantenqualitätsmanagement je potenzieller Lieferant.

In einem ersten Schritt kann über eine Selbstbewertung durch den potenziellen Lieferanten eine Beurteilung der Fähigkeit zur Erfüllung der konkreten Anforderungen eingeholt werden. Ist ein Lieferant noch nicht bekannt oder legt die Selbstbewertung des Lieferanten dies nahe, so kann eine Besichtigung und Evaluierung vor Ort beim potenziellen Lieferanten vorgenommen werden.

In einem weiteren Schritt sind das allgemeine Lieferantenrisiko (z. B. Zertifizierungsstatus, Bonität, Kapazität etc.) sowie das spezielle Risiko des geplanten Zulieferumfanges (z. B. technologisch) zu bewerten.

7.3 Prüfung

7.3.1 Werkzeugtracking

Beim Werkzeugtracking wird der Reifegrad der Herstellung der Serienwerkzeuge systematisch überprüft.

Die Herstellung von Serienwerkzeugen kann je nach Produkt viele Wochen in Anspruch nehmen. Die Termine zur Anlieferung von Teilen aus Serienwerkzeugen liegen jedoch auf dem kritischen Pfad der Terminschiene.

Deshalb ist die Werkzeugherstellung Teil für Teil zu planen (Realisierungsfreigabe, Herstellungsschritte, Anlieferung) und sind die einzelnen Herstellungsschritte der Werkzeuge zu überprüfen.

7.3.2 Geometrisches Matching

Geometrisches Matching (Überprüfung geometrischer Formen zueinander) dient der Sicherstellung der Maßhaltigkeit von Anbauteilen entsprechend den Vorgaben, um bauteilseitig Montageabläufe und stylingrelevante Funktionsmaße (z. B. Fugen) im Zusammenbau abzusichern.

Die Vorgaben basieren auf den

- Bauteilspezifikationen sowie den
- besonderen Produktmerkmalen (zur Absicherung von Funktionsmaßen).

Als Ergebnis erhält man einen

- Status der Maßhaltigkeit und Korrekturmaßnahmen und einen
- Nachweis der Einhaltung der geometrischen Spezifikationen als Basis für die Produktfreigabe.

Serienwerkzeugfallende Zulieferteile werden auf Matching-Einrichtungen, welche den exakten Anschlussmaßen entsprechen, an den definierten Befestigungs- bzw. Referenzpunkten aufgenommen. Damit können zusätzlich zu Messungen am Zulieferteil ein realer Probeverbau und eine optische Beurteilung in einer als ideal dargestellten Anschlussumgebung vorgenommen werden.

Korrekturmaßnahmen werden in Werkzeugverbesserungsschleifen (sogenannten Quality Loops) zwischen der ersten Teileproduktion aus Serienwerkzeugen und dem Serienstart eingebracht, bis der Serienstand bei der Produktfreigabe abgenommen werden kann.

7.3.3 Color Matching

Color Matching dient der Abstimmung und Abnahme von Farb- und Oberflächenmerkmalen in Bezug auf Anforderungen und die jeweilige Anschlussumgebung im Produkt.

Die Vorgaben basieren auf der
- Bauteilspezifikation und dem
- Urmuster als Oberflächenvorgabe für z. B. Farbe, Narbung, Glanz und Haptik.

Die wesentlichen Ergebnisse umfassen
- Status der Einhaltung von Oberflächenvorgaben und Korrekturmaßnahmen,
- Nachweis der Einhaltung der Farb- und Oberflächenspezifikationen als Basis für die Produktfreigabe und
- gegebenenfalls Grenzmuster zur Festlegung von Toleranzgrenzen.

Anhand von Urmustern können die Abstimmung mit Lieferanten und die Analyse von Risiken bei der Materialwahl vorgenommen werden, um gegebenenfalls Maßnahmen festzulegen.

Ab der Verfügbarkeit seriennaher Zulieferteile werden diese unter definiertem Licht in Bezug auf das Urmuster und die Anschlussumgebung in der Verbausituation beurteilt. Bei Abweichungen sind Korrekturmaßnahmen festzulegen, bis der Serienstand bei der Produktfreigabe abgenommen werden kann.

Grenzmuster können als einfach überprüfbare Toleranzgrenze festgelegt werden.

7.4 Freigabe

Die Produktionsprozess- und Produktfreigabe dient dem Nachweis je Zulieferteil, dass alle Anforderungen und Spezifikationen für die Serienlieferung erfüllt werden.

Die Vorgaben basieren auf den Anforderungen an das Zulieferteil sowie der Entwicklungs- und Produktdokumentation.

Ergebnisse sind die Erzielung des Freigabestatus und gegebenenfalls eine Abweicherlaubnis.

Entsprechend dem abgeschätzten Zulieferrisiko ist der Detaillierungsgrad der Nachweise (Vorlagestufe) festzulegen und mit dem Lieferanten zu vereinbaren. Die produktspezifischen Prüfumfänge für Zulieferteile betreffen:

- Funktionen,
- geometrische Maßhaltigkeit,
- Werkstoffeigenschaften und Materialdaten,
- Zuverlässigkeit,
- Oberflächeneigenschaften,
- Verpackung,
- Etikettierung,
- Verbaubarkeit.

Ein sogenannter Process Sign-Off dient als Nachweis, dass der Produktionsprozess fähig ist, spezifikationskonforme Teile in ausreichender Menge herzustellen.

Des Weiteren werden entsprechend der Vorlagestufe Nachweise zum Qualitätsmanagement im Produktentstehungsprozess, wie FMEAs oder der Produktionslenkungsplan, geprüft.

Das Ergebnis der Produktfreigabe kann sein:

- Freigabe,
- befristete Freigabe mit Abweicherlaubnis,
- Zurückweisung der Freigabe.

Mit der Produktionsprozess- und Produktfreigabe wird der Prozess „Zulieferkette entwickeln" für das jeweilige Zulieferteil abgeschlossen.

8 Literatur

Danzer, H. H.: Qualitätsmanagement im Verdrängungswettbewerb – Der Schlüssel zum Erfolg im Käufermarkt, Wuppertal, TAW-Verlag, 1995

Danzer, W.: Wissensorientiertes Qualitätsmanagement, Graz, Dissertation TU Graz, 2006

Deming, W. E.: Out of the Crisis, Cambridge, MIT Press, 2000

Gareis, R. et al.: Project Management & Sustainable Development Principles, Pennsylvania, PMI, 2013

ISO 9000:2005: Qualitätsmanagementsysteme – Grundlagen und Begriffe, Genf, ISO, 2005

ISO 9001:2015: Quality management systems – Requirements, Genf, ISO, 2015

ISO 10012:2003: Measurement management systems – Requirements for measurement processes and measuring equipment, Genf, ISO, 2003

ISO 14001:2015: Environmental management systems – Requirements with guidance for use, Genf, ISO, 2015

ISO 26262:2011: Road vehicles – Functional safety, Genf, ISO, 2011

Jung, B.; Schweißer, S.; Wappis, J.: 8D und 7Step – Systematisch Probleme lösen, München, Hanser, 2013

Jung, B.; Schweißer, S.; Wappis, J.: Qualitätssicherung im Produktionsprozess, München, Hanser, 2013

Kagermann, H. et al.: Umsetzungsempfehlungen für das Zukunftsprojekt Industrie 4.0, Frankfurt/Main, Forschungsunion/acatech, 2013

Kamiske, G. et al.: Handbuch QM-Methoden, München, Hanser, 2015

PPAP: Production Part Approval Process, DaimlerChrysler, Ford, GM, 2006

QS 9000: Produkt-Qualitätsvorausplanung und Control Plan (APQP), Essex, Chrysler, Ford, GM, 1999

Schneider, U.: Das Management der Ignoranz, Wiesbaden, Deutscher Universitätsverlag, 2006

Schneider, U.: Die 7 Todsünden im Wissensmanagement, Frankfurt am Main, Frankfurter Allgemeine Zeitung, 2001

VDA: Qualitätsmanagement in der Automobilindustrie 4 – Sicherung der Qualität in der Prozesslandschaft – Produkt- und Prozess-FMEA, Berlin, Verband der Automobilindustrie e. V., 2012

VDA: Qualitätsmanagement in der Automobilindustrie 4 Teil 3 – Sicherung der Qualität vor Serieneinsatz – Projektplanung, Frankfurt am Main, Verband der Automobilindustrie e. V., 1998

VDA: Qualitätsmanagement in der Automobilindustrie 5 – Prüfprozesseignung, Frankfurt am Main, Verband der Automobilindustrie e. V., 2011

VDA: Qualitätsmanagement in der Automobilindustrie 6 Teil 3 – Prozessaudit, Frankfurt am Main, Verband der Automobilindustrie e. V., 2010

VDA: Automotive SPICE – Prozessassessmentmodell, Frankfurt am Main, Verband der Automobilindustrie e. V., 2015

Wappis, J.; Jung, B.: Null-Fehler-Management, München Wien, Hanser, 2013

9 Dank

Das vorliegende Buch ist das Ergebnis einer langjährigen Beschäftigung mit dem Thema Qualitätsmanagement im Produktentstehungsprozess bei der Magna Steyr sowie einer äußerst fruchtbaren Zusammenarbeit mit renommierten OEMs der Automobilindustrie und Universitäten.

Mein herzlicher Dank ergeht an die Herren DI Dr. Johann Wappis, Vorstand der StEP-Up, sowie DI Erwin Fandl, Executive Dir. QM bei Magna Steyr für die Möglichkeit, dieses Buch zu realisieren.

Besonderer Dank gilt meinen langjährigen Wegbegleitern zum Thema Management, wie der viel zu früh von uns gegangenen Univ.-Prof. Mag. Dr. Ursula Hendrich-Schneider des Institute of International Management der KF-Uni Graz, Univ.-Prof. DI Dr. Hans-Heinz Danzer Dozent für Qualitätsmanagement und Leiter (i.R.) des Qualitätswesens der Steyr-Daimler-Puch Fahrzeugtechnik, Em.Univ.-Prof. DI Dr.techn. Josef Wohinz, Institut für Industriebetriebslehre und Innovationsforschung und Univ.-Prof. DI Dr. Stefan Vorbach, Institut für Unternehmungsführung und Organisation an der TU Graz sowie Univ.-Prof. Dkfm. Dr. Roland Gareis Universitätsprofessor (i.R.) für Projektmanagement an der WU Wien.

Insbesondere gilt mein Dank im Unternehmen Magna Steyr dem Fachbereich des präventiven Qualitätsmanagements sowie den Ansprechpartnern in der Entwicklung, den Centers of Competence für Contract Manufacturing und Supply Chain Management für die vielen Diskussionen zu praktischen Erfahrungen, sowie im Speziellen Dr. Georg Holzner, Gernot Emmert MSc, Ing. Franz Mayr und Frau Karin Meitz für die vielen Anregungen und Tipps. Ebenso gilt mein Dank Prof. Dr.-Ing. Gerd F. Kamiske, Herausgeber der Pocket-Power-Reihe, und Lisa Hoffmann-Bäuml, die im Carl Hanser Verlag die Reihe betreut.